JN197217

志賀浩二［著］

新装改版

群論への30講

朝倉書店

はしがき

『群論への30講』を著わすにあたって，中心の主題となるべきものがなかなか決まらず，内外の群論の本をあれこれひもといてみた．それらは，本書を書くにあたって大変参考になったのであるが，これらの本の中に多かれ少なかれ共通にみられる1つの傾向に，いつしか注意が惹かれるようになった．その傾向とは，群論に関する本が，主に群論の専門家によって書かれているため，本の流れが進むにつれ，主題がしだいに群の構造の解明へと移ってきて，同時に，群の理論全体が，何か静まりかえった剛体のような感じを漂わせてくるということにあった．

この感じは，もちろん群のもつ1つの姿を端的に示しているのだろうが，一般の人を対象とするこの30講シリーズのような本に，このような雰囲気をもち込むのは適当でないと思った．群とはどのようなものかをまず知りたい人たちにとって，可解群やベキ零群のことなど，それほど関心のあるテーマではないだろう．

私は，むしろ群が他のものへ働くときに示す，ほとばしり出るような動的な躍動感の中に，一般の人が群に興味をもつ最初の動機が隠されているのではないかと思った．群が，ある数学的対象に働くと，やがてそこから，群の働きに対して不変であるような，ある種の対称性をもつ幾何学的な形や，数学の形式が浮かび上がってくる．このようにして得られた形や形式は，数学の中に実在感をもった対象として，深く根づいていくのである．群の動的な働きの中から，静的な形が抽出されてくるこの過程の中で，動と静の微妙な対照と調和が綾をなし，そこに群の生命感が息づいているに違いない．

このような群本来のもつ姿を，どのように本書で表現したらよいのか，これは私にとって難しい問題であった．結局，私が本書で試みたことは，ただ単に，群論という主題を，できるだけ軽く，のびやかに書いてみるということになった．木々の梢の間を，爽やかに風が渡るように著わしてみたいというのが，漠然とした希望であったけれど，もちろんこのような希望は遠く遙かなところにあって達せらるべくもない．しかし読者が，群の構造の上を走り抜けていく軽やかな調べとでもいうべきものを，本書を通して察知されたとするならば，それは同時に，群が，数学の豊かさの中に反響し，どこまでも広がっていくさまのいくらかを感知されたことになるだろう．

本書は，有限群や有限生成的な群だけではなくて，おしまいの方では位相群にも触れておいた．そうすることによって，群が，現代数学のいろいろな諸概念とごく自然に結びつき，そのために群はいまなお現代数学の根幹にあって，積極的に働き続けていることを感じとってもらおうと思ったのである．

終りにあたって，この 30 講シリーズ 8 冊の刊行に際し，多大の労をとっていただいた朝倉書店の方々に，心からお礼を申し述べたい．私が，約 1 年半の間，私なりに力を尽くしてこの仕事を進めることができたのは，この方々の並々ならぬ御努力によるものであった．

1989 年 7 月

著　　者

目　次

第 1 講　シンメトリー ………… 1

第 2 講　シンメトリーと群 ………… 7

第 3 講　群の定義 ………… 15

第 4 講　群に関する基本的な概念 ………… 22

第 5 講　対称群と正 6 面体群 ………… 29

第 6 講　対称群と交代群 ………… 37

第 7 講　正多面体群 ………… 45

第 8 講　部分群による類別 ………… 53

第 9 講　巡回群 ………… 61

第 10 講　整数と群 ………… 68

第 11 講　整数の剰余類のつくる乗法群 ………… 75

第 12 講　群と変換 ………… 83

第 13 講　軌道 ………… 92

第 14 講　軌道 (つづき) ………… 100

第 15 講　位数の低い群 ………… 106

第 16 講　共役類 ………… 114

第 17 講　共役な部分群と正規部分群 ………… 122

第 18 講　正規部分群 ………… 129

第 19 講　準同型定理 ………… 137

第 20 講　有限生成的なアーベル群 ………… 145

第 21 講　アーベル群の基本定理の証明 ………… 154
第 22 講　基　本　群 ………… 163
第 23 講　生成元と関係 ………… 172
第 24 講　自　由　群 ………… 179
第 25 講　有限的に表示される群 ………… 186
第 26 講　位　相　群 ………… 193
第 27 講　位相群の様相 ………… 200
第 28 講　不 変 測 度 ………… 208
第 29 講　群　　　環 ………… 216
第 30 講　表　　　現 ………… 224

索　　　引 ………… 233

第 1 講

シンメトリー

テーマ
- ◆一つの詩
- ◆ワイルの『シンメトリー』
- ◆『シンメトリー』の調べとワイルの考え
- ◆シンメトリーをもつ構図
- ◆日本の紋様

一つの詩

神よ，汝，偉大なる対称性，調和性
そは，我に激しき渇望の想いを注ぐ
されどまた，湧き上る悲しみ，
定まれる形もなきままに過ごし行く
この悩み多き日々に
願わくば，一つの完全なるものを与え給へ

(ワイル『シンメトリー』より)

ワイルの『シンメトリー』

ヘルマン・ワイル (1885–1955) は，20 世紀前半の数学の中を，巨人のように堂々と歩み続けたドイツの大数学者である．ワイルが関心をもち，また実際深い影響を与えた分野は，全数学をおおうような広いものであったが，さらにワイルは相対性理論，量子力学の進展の過程で，数理物理学の立場に立って，哲学的な思索を背景とした新しい方向を指示し，そこでも指導的な役割を演じたのである．ワイルの数学にみられる独特な哲学的な雰囲気は，いまははや過ぎ去ったようにみえる，ヨーロッパの学問の栄光と権威を思い起こさせ，さらにさかのぼってギリシャへと心を向けさせるものがある.

ワイルは，最晩年の1952年に，1冊の書『シンメトリー』を著わした．この本には，ギリシャ的な均整のとれた形式の中に見られるシンメトリー (対称性) に対する，彼自身のつきせぬ‘渇望’が語られている．

この著作の原型は，実はすでに14年前の1938年に，ワシントンの哲学会においてなされた同じタイトルの講演の中に見出すことができる．ワイルには，‘シンメトリー’という基音が心を離れることはなかったのだろう．この講演の最後に上述の詩が述べられている．この詩は，ワイルが聞いていた基音の調べがどのようなものであったかを，いくらか伝えている．なおこの詩の作者はアン・ウィックハム (Ann Wickham) であるという．

『シンメトリー』の調べ

『シンメトリー』の中に述べられているものは，ワイルの思想そのものというより，思想の背景を色どる色調のようなものであったという感じがする．

この色合いは，次のようなワイルの考えを映し出しているようである．

生物の形態や無機物の結晶などにみられる，神の創造としか思えぬような，見事な対称性や，起源をはるかシュメールやエジプトにまでさかのぼれる多くの紋様や芸術作品にみられる対称性，これらの対称性は，つねにある特殊な美を表象している．対称性とは何かを分析し，抽象し，一般化していくと，そこに‘群’の概念が現われてくる．プラトン的なイデアの世界に立っていうならば，対称性とは群そのものである．

この対称性と群とのかかわり合いが，数学の中で最初に明確にされたのは，方程式論におけるガロアの天才的な洞察力によるものであった．群の概念は代数学の中で育てられていったが，その後クラインやリーの仕事によって，幾何学の根幹に組み込まれ，やがて群は，対称性をもつ働きとして，空間の認識にまで高められていったのである．実際，相対性理論や量子力学の表現する物理的世界像の中には，対称性が組み込まれており，この対称性を通して，群が世界像の形成に重要な役割を果たしている．

その意味では，群は，数学と世界像の接点にあり，この2つのものが接する場所には，シンメトリーという形をとった美が現われてくる．

いくつかのシンメトリー

ワイルの『シンメトリー』に載せられている図版のいくつかを転載してみよう．

図 A

図 A は，エトルリアの墓に描かれている有名な騎士の像である．左右対称のシンメトリーに基づいて構図がなされているが，多少形式上の逸脱がみられるとワイルは指摘している．

図 B のギリシャの紋様には，折返しによって左右に広がっていく対称性がみられるが，図 C の紋様では折返しは認められないで，平行移動によって，1 つのパターンが左右に広がっていくさまがみられる．

図 D はよく知られた雪の結晶であって，6 角形の見事なシンメトリーを示している．これらの結晶は，$\frac{\pi}{3}$ $(=60^\circ)$ の回転によって，対称性が保たれている．

図 B

図 C

図 D

日本の紋様にみられるシンメトリー

ワイルの本の引用だけでは，読者は退屈されるかもしれない．ここでは，『文様の手帖』(小学館) を参照しながら，日本の紋様の中にあるシンメトリーを見てみよう．

日本の家紋には，よく知られたように，シンメトリーをもつものが多い．このシンメトリーは，あるものは左右対称であり，あるものは左右，上下対称であり，またあるものは，適当な角の回転による対称性を示している．

いくつかの例を図示しておこう．

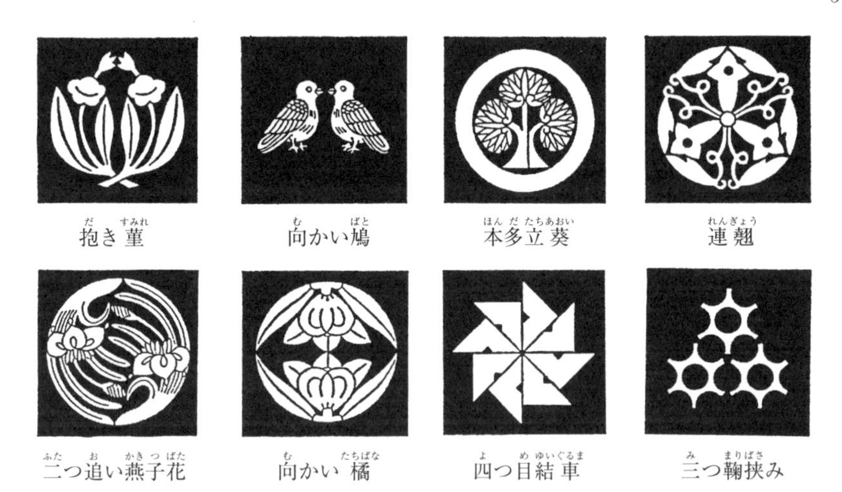

抱き菫(だきすみれ)　向かい鳩(むかいばと)　本多立葵(ほんだたちあおい)　連翹(れんぎょう)

二つ追い燕子花(ふたつおいかきつばた)　向かい橘(むかいたちばな)　四つ目結車(よつめゆいぐるま)　三つ鞠挟み(みつまりばさみ)

また着物の絣 (かすり) の柄にも美しいシンメトリーがある.

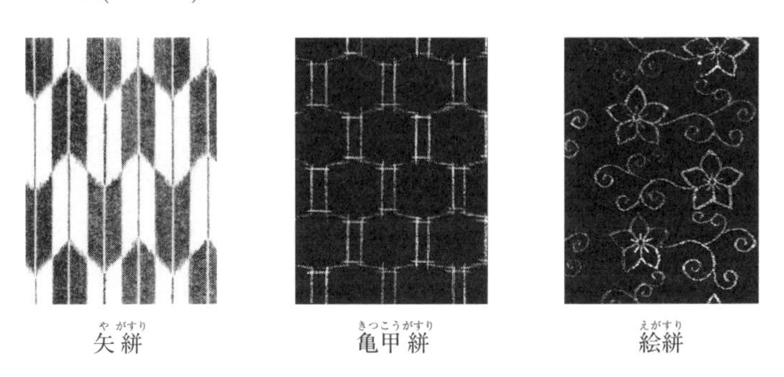

矢絣(やがすり)　亀甲絣(きっこうがすり)　絵絣(えがすり)

Tea Time

対称性をもつパターン

対称性をもつパターンを描くには，1つの型を切り抜いて，これを基本の形として，パターンを広げていく．もちろんある方向に等間隔にずらしていってもよいし，ある点を中心にして $\frac{\pi}{3}$ $(=60^\circ)$ とか $\frac{\pi}{2}$ $(=90^\circ)$ だけ回転しながらパターンを広げていってもよい．また型を，裏表，裏表ととりかえながら，等間隔に広げていくようなパターンの広げ方もある．

いずれにしても対称性をもつパターンは，1つの型から出発して，規則立った移動とか，反転とか，回転の繰り返しによって生成される．この対称性を生成する‘運動の原理’を，数学的に定式化すると，群の概念が生まれてくる．これは次講からの話題である．

質問　シンメトリーの表現する均衡のとれた美しさは僕にもよくわかりますが，正直にいうと，僕は非対称的なものの方に一層心が惹かれます．静かで硬い対称図形よりは，非対称的なものの方が，季節や風や，僕たちの心の動きなど，流動する世界を写しているようで親しみがもてます．ワイルの感じ方と僕の感じ方は少し違うのでしょうか．

答　考えてみると，私自身も，シンメトリーのもつ‘神の完全さ’を表わすような美に，ワイルのような強い憧憬をもちえるかどうか，少し心もとない感じがしてくる．詩に謳われているような渇望は，ワイルの天才的な感性からくるものなのか，あるいは私たちには理解できない西欧文化の根源からやってくるものなのかは，私にはわからぬことである．時を止めたような，シンメトリーのもつある静寂さの中に，ワイルは永遠性を感じとったのかもしれない．いずれにせよ，イデアの世界で数学が完全な形式を求めようとする以上，世界像の中に現われてくる揺ぎないシンメトリーの美に積極的に働きかけ，そこから群の概念を抽出しようとすることは，数学の創造活動の源泉にあるものであるという，ワイルの哲学は，私にも十分理解できるのである．

なお，君がシンメトリーの美学とでもいうべきものに接し，世界を広げてみたいと思うならば，宮崎興二『かたちと空間』(朝倉書店) をひもといてみるとよいだろう．この不思議な魅力にあふれる本は，君のシンメトリーに対する感じを少し変えるかもしれない．

第 2 講

シンメトリーと群

テーマ
- ◆ 対称変換
- ◆ 直線上の平行移動
- ◆ 平面上の平行移動
- ◆ 回転による対称性
- ◆ 回転と反転——非可換性

左 右 対 称

シンメトリーというとき最初に思い浮かべるのは左右対称の図形である．図 1 で，右側の図形を左側に，また左側の図形を右側に移す変換を考えたいのであるが，この変換は，本質的には，図 1 の下にかいてある，直線上での基点 O に関する対称変換 T によって引き起こされていると考えてよい．

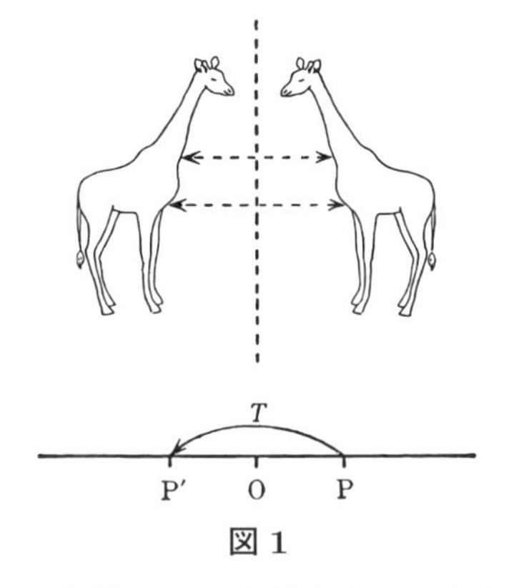

図 1

この対称変換 T は，P を P′ に移しているが，同時にまた P′ を P に移している．P と P′ は O に関して互いに対称だからである．すなわち

$$\mathrm{P} \xrightarrow{T} \mathrm{P}' \xrightarrow{T} \mathrm{P}$$

このことを $TT(\mathrm{P}) = \mathrm{P}$ と表わす．TT は，変換 T を続けて二度行なうことを意味している．

同じことであるが，TT は，恒等変換 I に等しいといった方が，事情が一層鮮明になる．そこで，$TT = I$ とかくが，さらに変換の繰り返しを，変換の積と考えて $TT = T^2$ とかくことにする．したがって

$$TT = T^2 = I \qquad (1)$$

である．

少し別の見方をすると

$$\mathrm{P} \underset{T}{\overset{T}{\rightleftarrows}} \mathrm{P}'$$

ともかける．この見方の示すことは，T の逆変換がまた T で与えられるということである．逆変換を T^{-1} で表わすと

$$T = T^{-1}$$

である．(1) はこのとき

$$T^{-1}T = TT^{-1} = I$$

と表わされることを注意しておこう．

平 行 移 動

図2のように，ある方向に等間隔に同じ型が並んで1つの対称性を示しているデザインを考えよう．このデザインを生成する変換は，左下から右上へ向かう斜めの直線上に，各点を一定の距離だけ同じ方向に (たとえば右に) 移動する変換で与えられる．これを真横の直線上の変換として表わせば，図2の下の図で

$$\ldots,\quad T(\mathrm{P}_{-2}) = \mathrm{P}_{-1},\quad T(\mathrm{P}_{-1}) = \mathrm{P}_0,$$
$$T(\mathrm{P}_0) = \mathrm{P}_1,\quad T(\mathrm{P}_1) = \mathrm{P}_2,\quad \ldots$$

である．T の n 回の繰り返しを T^n と表わすと

$$T^n(\mathrm{P}_0) = \mathrm{P}_n,\quad T^n(\mathrm{P}_1) = \mathrm{P}_{n+1}$$

一般に

$$T^n(\mathrm{P}_m) = \mathrm{P}_{m+n}\quad (m = 0, \pm 1, \pm 2, \ldots)$$

変換 T^n は，図の上では1つのパターンを n 回ずらして，n 番目のパターンに重ねることに対応している．

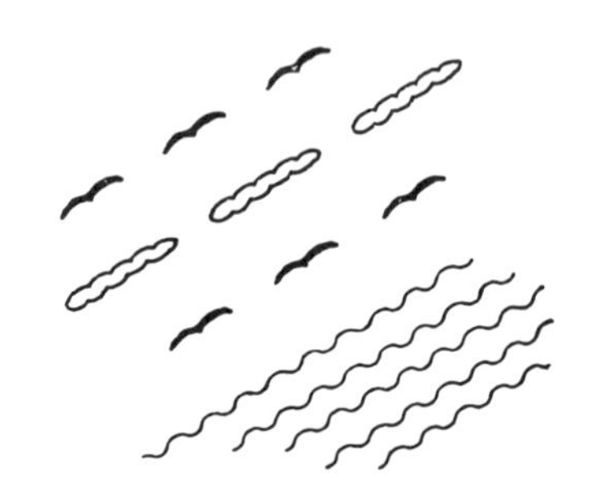

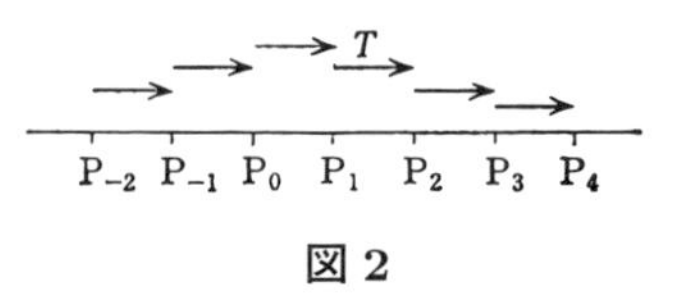

図2

もっとも，この変換 T を表わすには，数直線を用いた方がはっきりする．P_0 を数直線の原点に，P_1 を座標 1 を表わす点としてとると，変換 T は

$$T : x \longrightarrow x+1$$

と表わされる．したがって，T の n 回の繰り返しは

$$x \xrightarrow{T} x+1 \xrightarrow{T} x+2 \xrightarrow{T} \cdots \xrightarrow{T} x+n$$

となって

$$T^n : x \longrightarrow x+n$$

である．

T の逆変換を T^{-1} で表わすと，T^{-1} は図 2 では，T の矢印の向きを逆にしたもので与えられる．したがって左の方向への平行移動となる．数直線上で表わすと

$$T^{-1} : x \longrightarrow x-1$$

である．T^{-n} は x を $x-n$ へ移す変換となる．

I によって恒等変換 $I(\mathrm{P}) = \mathrm{P}$ を表わすことにすると，明らかに

$$TT^{-1} = T^{-1}T = I$$

が成り立つ．

また

$$T^m\left(T^n(x)\right) = T^m(x+n) = x+m+n = T^{m+n}(x)$$

から

$$T^mT^n = T^{m+n} \quad (m, n = 0, \pm 1, \pm 2, \ldots)$$

が成り立つ．なお，$m \neq n$ ならば $T^m \neq T^n$ であることを注意しておこう．

平面上の平行移動

図 3 のように，平面上の格子の上に，同じパターンがおかれて全体に広がっていくようなデザインの対称性は，基本の格子枠を与える 2 つのベクトル $\boldsymbol{a}, \boldsymbol{b}$ の方向への平行移動から生成されている．すなわち平面のベクトル $\boldsymbol{x}$ を，$\boldsymbol{x}+\boldsymbol{a}$ だけ移動させる平行移動を S とし，$\boldsymbol{x}$ を $\boldsymbol{x}+\boldsymbol{b}$ だけ移動させる平行移動を T とすると，この対称性は，S と T から生成されている．S は，ベクトル $\boldsymbol{x}$ を格子の横方向に沿って一区画ずらす変換であり，T は縦方向に沿って一区画ずらす変換で

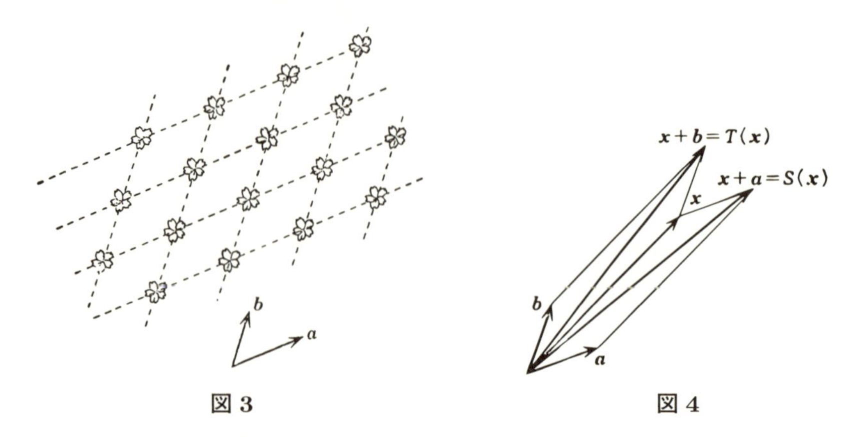

図 3　　　　　　図 4

ある (図 4). まず横へずらして次に縦へずらしても，最初に縦にずらして次に横へずらしても結果は変わらない．このことは

$$ST = TS \tag{2}$$

が成り立つことを示している．

S の逆変換 S^{-1} は，S と逆向きの平行移動であり，T の逆変換 T^{-1} は，T と逆向きの平行移動である．平行移動 S を左右へ何回か繰り返して得られる平行移動は

$$S^n \quad (n = 0, \pm 1, \pm 2, \ldots)$$

で与えられ，T の上下への繰り返しで得られる平行移動は

$$T^n \quad (n = 0, \pm 1, \pm 2, \ldots)$$

で与えられている. ただしここで $S^0 = T^0 = I$ (恒等写像) とおいている．

図 3 で，1 つの場所にあるパターンを，横に m，縦に n だけ格子点を移して移動させる変換は

$$S^m T^n$$

で与えられることは明らかだろう (図 5). (2) から，この変換は $T^n S^m$ と表わしても同じことである．

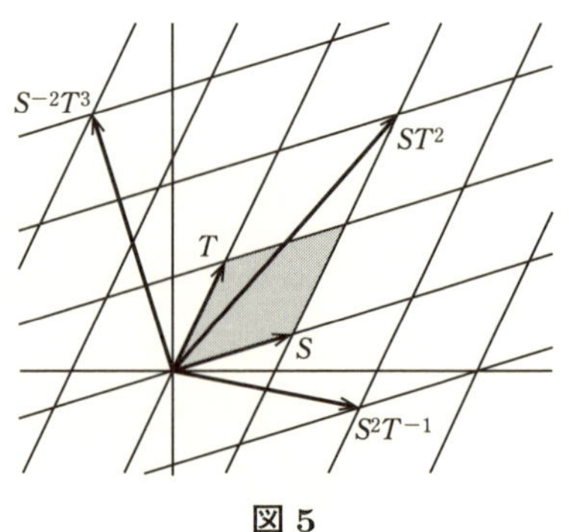

図 5

また，たとえば S^2T と S^2T^3 を繰り返して行なったものは，

$$\begin{aligned}(S^2T^3)(S^2T) &= S^2(T^3S^2)T = S^2(S^2T^3)T \\ &= (S^2S^2)(T^3T) = S^4T^4\end{aligned}$$

となる．一般には S^mT^n と $S^{m'}T^{n'}$ を繰り返して行なった結果は

$$(S^{m'}T^{n'})(S^mT^n) = S^{m+m'}T^{n+n'} \tag{3}$$

となる．

なお，ここで暗黙のうちに結合則とよばれる

$$(ST)S = S(TS)$$

のような規則を用いていたことを注意しておこう．

回転による対称性

図 6 は，小学校の校庭などにみられる回旋塔を上から見下ろした図を，デザイン化したものである．円周を 12 等分したところに把手がついて，そこに子供たちがぶら下がっている．それが正の向きに (時計の針の動きとは反対向きに) ぐるぐるまわっている．このデザインのもつ対称性は，$\frac{2\pi}{12}$ (ラジアン) $\left(= \frac{360°}{12} = 30°\right)$ だけの，軸を中心とする正の向きの回転 S によって与えられている．

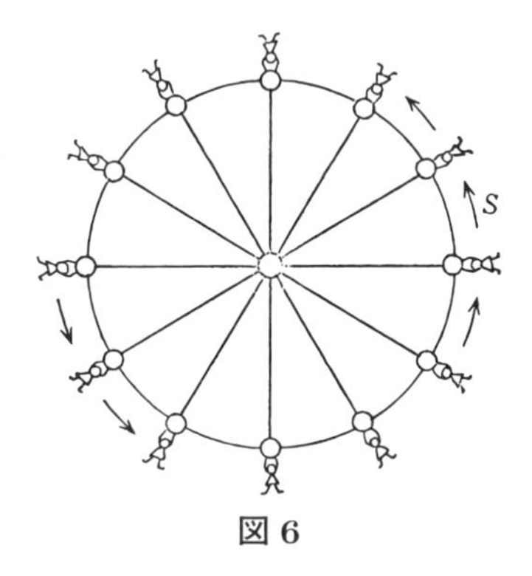

図 6

S を繰り返して適用することによって，1 つの把手をもっている子供のデザインは，次から次へと移されていく．たとえば S を 3 回繰り返した S^3 は，1 つのデザインを

$$\frac{2\pi}{12} \times 3 = \frac{\pi}{2} \quad (= 90°)$$

だけ回転することを示している．S を 12 回繰り返して適用するともとへ戻るということは，

$$S^{12} = I \quad (I \text{ は恒等変換}) \tag{4}$$

で表わされる．

S と同じ角で負の向きにまわすのを S^{-1} と表わすと，

$$SS^{-1} = S^{-1}S = I$$

であって，S^{-1} の繰り返し，$S^{-2}, S^{-3}, \ldots$ なども考えることができる．$S^{-12} = I$ である．

図からも明らかに，正の向きに9回まわすことと，負の向きに3回まわすことは，結果は同じことになっている (把手につかまっている子供たちは，どららからまわっても同じ配置になる！)．このことは

$$S^9 = S^{-3}$$

と表わされる．これは (4) を用いて

$$S^{12} = I \Longrightarrow S^3 \cdot S^9 = I \Longrightarrow S^{-3} \cdot S^3 \cdot S^9 = S^{-3}$$
$$\Longrightarrow I \cdot S^9 = S^{-3} \Longrightarrow S^9 = S^{-3}$$

というような計算でもわかる．

(4) から，たとえば

$$S^{18} = S^{12} \cdot S^6 = S^6$$
$$S^{-29} = S^{-12} \cdot S^{-12} \cdot S^{-5} = S^{-5} = S^7$$

のようなこともわかる．一般に

$$S^m \cdot S^n = S^{m+n} \quad (m, n = 0, \pm 1, \pm 2, \ldots)$$

という規則は成り立つが，S から生成される回転は，本質的には

$$I,\ S,\ S^2, \ldots,\ S^{10},\ S^{11}$$

の12通りの回転に帰着されるのである．

回転と反転

図7で示すような，円周上に等間隔におかれた10台の機関車が，交互に向きを変えているようなデザインの対称性には，2つの見方が可能である．

1つの見方は，互いに隣り合った向きの違う機関車2台を1セットにして，これが $\frac{2\pi}{5}$ $(= 72^\circ)$ ずつ回転することによって，全体のデザインをつくり上げているという見方である．この見方を支える変換 S は，$S^5 = I$ をみたす回転である．

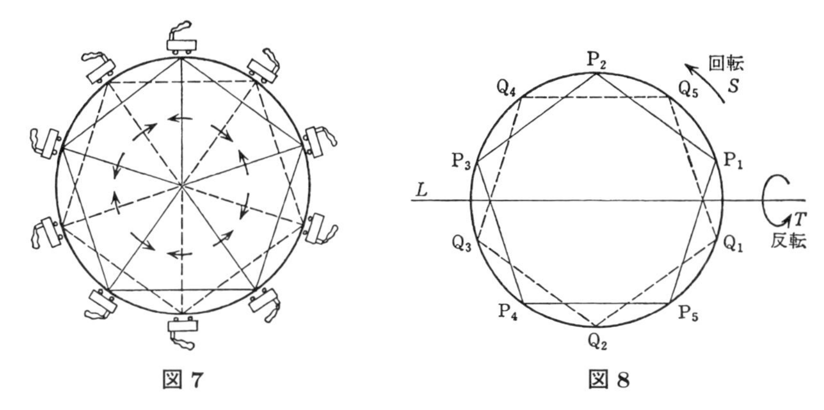

図 7　　　　　図 8

しかしここでは，説明の便宜上もあって，別の見方を採用しよう．説明を簡単にするため，図 8 のように，正の向きに向いている機関車を記号で P_1, P_2, P_3, P_4, P_5 で表わし，反対向きに向いている機関車を Q_1, Q_2, Q_3, Q_4, Q_5 で表わす．P_i と Q_i $(i = 1, 2, 3, 4, 5)$ は，直線 L に関して互いに対称の位置にある．

このとき，このデザインの対称性は，各 P_i を P_{i+1} ($P_6 = P_1$ とおく) に移す $\frac{2\pi}{5}$ の回転 S と，各 P_i を Q_i に移す，直線 L に関する反転 (鏡映) T から生成された平面の‘運動’によって得られている．

S によって何回か回転し，T によって何回か反転を繰り返しても，デザインの構図はそのまま保たれている．この保存されている性質，それが対称性を表わしていると私たちは考えるのである．

明らかに

$$S^5 = I, \quad T^2 = I$$

である．ここで注意することは

$$ST \neq TS$$

という事実である．すなわち反転してから回転することと，回転してから反転することは，結果が違ってくるのである．実際，図 8 を参照すると

$$ST\,(P_1) = S\,(Q_1) = Q_5$$

であるが

$$TS\,(P_1) = T\,(P_2) = Q_2$$

となっていることがわかる.

このことを, S と T は, 互いに非可換な変換であるという.

回転 S と反転 T との関係は

$$STST = I$$

で与えられている. このことは, 図8を参照しながら読者が確かめてみられるとよい.

Tea Time

変換の非可換性

働き方の違う2つの変換 S と T に対しては, S と T が互いに非可換となる方が, むしろふつうのことである. たとえば, 平面上の線形変換は, 2次の正則な行列で与えられているが, 2つの正則な行列 A, B をまったく勝手にとってくれば, ほとんど間違いなく $AB \neq BA$ が成り立っている. このことは, A, B の表わす変換が, 互いに非可換なことを示している.

もう少し見やすい例では, 平面上で原点中心の $\frac{\pi}{6}$ $(= 30°)$ の回転 S と, x 軸の正の方向への1だけの平行移動 T とは, 互いに非可換である. これは図9をみると明らかであろう.

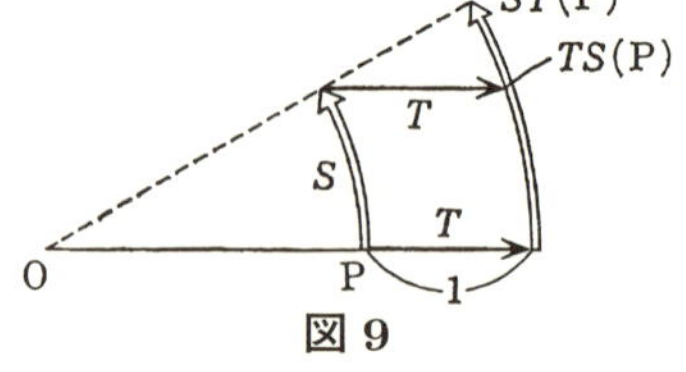

図9

第 3 講

群 の 定 義

テーマ

◆ 続けて変換を行なうことを変換の乗法とみる.

◆ 群の定義

◆ 群の定義に対するコメント

◆ $(ab)^{-1} = b^{-1}a^{-1}$

◆ 変換を群の立場からみる.

変換の性質

2 つの変換 S と T が与えられたとき，まず T の変換を行なって次に S の変換を行なうことを，前講のように ST とかいてみると，これは，変換の集まりに 1 つの乗法の演算を与えているようにみえてくる.

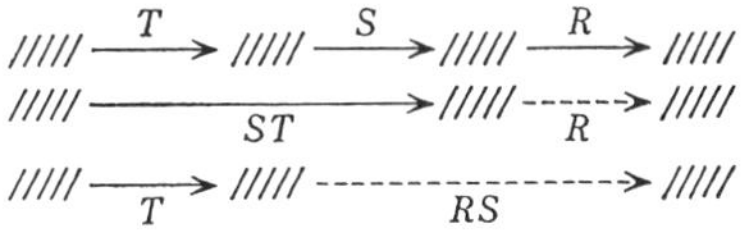

図 10

そこでいま，これを変換の乗法とみることにしよう．そのとき 3 つの変換 R, S, T に対し結合則

$$(RS)T = R(ST) \qquad (1)$$

が成り立つ (図 10).

このような基本的な関係を証明せよといわれると，何を示してよいのか当惑することが多い．ここは次のように証明する.

$T(\mathrm{P}) = \mathrm{P}_1$，$S(\mathrm{P}_1) = \mathrm{P}_2$，$R(\mathrm{P}_2) = \mathrm{P}_3$ とおくと，$RS(\mathrm{P}_1) = R(\mathrm{P}_2) = \mathrm{P}_3$；$ST(\mathrm{P}) = S(\mathrm{P}_1) = \mathrm{P}_2$．したがって

$$(RS)T(\mathrm{P}) = RS\,(\mathrm{P}_1) = \mathrm{P}_3$$
$$R(ST)(\mathrm{P}) = R\,(\mathrm{P}_2) = \mathrm{P}_3$$

したがって変換として，$(RS)T$ と $R(ST)$ は等しい.

恒等変換 I は変換の中で最も基本的なものであって，任意の変換 S に対して

$$SI = IS = S \tag{2}$$

が成り立つ．

また変換が1対1のことから逆変換がつねに存在する．変換 S の逆変換を S^{-1} で表わすことにすると

$$S^{-1}S = SS^{-1} = I \tag{3}$$

が成り立つ．

群 の 定 義

変換の集まりの中にあるこの演算の規則に注目して，さらにもっと一般的な設定を目指すため，群の定義を導入する．

【定義】 ものの集まり G が次の条件をみたすとき，群という．

(i)　G の任意の2つの元 a, b に対して，乗法，または積とよばれる演算 ab が定義されている．ab はまた G の元となる．

(ii)　3つの元 a, b, c に対して

$$a(bc) = (ab)c \qquad \text{(結合則)}$$

(iii)　単位元とよばれる元 e があって，すべての元に対して

$$ae = ea = a$$

が成り立つ．

(iv)　すべての元 a に対して，a の逆元とよばれる元 a^{-1} が存在して

$$aa^{-1} = a^{-1}a = e$$

が成り立つ．

注意　実際は，群の公理として要請する条件としては，(iii)，(iv) はそれぞれ $ae = a$, $aa^{-1} = e$ でよいことが知られている．

定義に対するコメント

(i) は特に問題ないだろう．要するに，G から任意に2つの元 a, b (a と b は等

しくてもよい) をとったとき，a と b の積とよばれる元 ab が 1 つ決まるということである．この積の演算 $(a,b) \to ab$ が，どのような性質をもつかを規定しているのが，次の (ii)，(iii)，(iv) である．

(ii) は，3 つの元を‘かける’ときには，どこからかけても結果は同じであるということをいっている．したがって 3 つの元の積を単に

$$abc$$

と表わしてもよいことになる――ある人はこの並び方をみて，a と b をかけて，次に c を右からかけるのだと読むだろうが，別の人は，先に b と c をかけて，あとから a を左からかけると読むだろう．どちらでも構わないということを主張しているのが (ii) である．

このことから，n 個の元 $a_1, a_2, \ldots, a_n$ が与えられたとき，この積を，かける順番を指定しないで，単に

$$a_1 a_2 \cdots a_n$$

とかいてもよいことがわかる (この当り前そうなことを厳密に証明するには，n についての帰納法を用いて (ii) を適用する)．

(iii) は，変換の場合の恒等変換 I に相当するものが e であり，このような e の存在を保証している条件であると思って読めば特に問題はない．ただ 1 つ注意することは，このような元 e は一意的に決まるということである．実際，もう 1 つ (iii) の条件をみたす元 e' があったとすると

$$ee' = e'e = e'$$

となるが，この式は (iii) をみると e にも等しくなっている．ゆえに $e = e'$.

(iv) に対しても，a の逆元 a^{-1} は一意的に決まることを結論することができる．実際，(iv) の条件をみたすもう 1 つの元 $\tilde{a}^{-1}$ をとると

$$\tilde{a}^{-1} a = e$$

この両辺に a^{-1} を右からかけると

$$\tilde{a}^{-1} a a^{-1} = e a^{-1}$$

この左辺は $\tilde{a}^{-1}(aa^{-1}) = \tilde{a}^{-1}e = \tilde{a}^{-1}$，右辺は $ea^{-1} = a^{-1}$．これで $\tilde{a}^{-1} = a^{-1}$ がいえて，a の逆元がただ 1 つのことがわかった．

また (iv) は，a^{-1} の方を主体に考えると，a が a^{-1} の逆元になっているという

ことを示している．すなわち

$$\boxed{(a^{-1})^{-1} = a}$$

$$\boldsymbol{(ab)^{-1} = b^{-1}a^{-1}}$$

ab の逆元は，$b^{-1}a^{-1}$ となる．なぜなら

$$ab(b^{-1}a^{-1}) = a(bb^{-1})a^{-1} = aea^{-1} = aa^{-1} = e$$

$$(b^{-1}a^{-1})ab = b^{-1}(a^{-1}a)b = b^{-1}eb = b^{-1}b = e$$

となり，定義の (iv) をみると，この 2 式は

$$\boxed{(ab)^{-1} = b^{-1}a^{-1}}$$

を示していることがわかるからである．

逆元をとるとき，積の順序が逆になるのは，何か妙だと思われる人もいるかもしれない．これは，変換のときを考えるとよくわかるのである．パターン A が変換 T で B に移り，変換 S でさらにパターン C に移ったとすると

$$ST : \mathrm{A} \xrightarrow{T} \mathrm{B} \xrightarrow{S} \mathrm{C}$$

である．この逆変換は，C を B に，B を A にと移すことになる．すなわち

$$(ST)^{-1} : \mathrm{A} \xleftarrow{T^{-1}} \mathrm{B} \xleftarrow{S^{-1}} \mathrm{C}$$

このことは，明らかに $(ST)^{-1} = T^{-1}S^{-1}$ を示している．

変 換 と 群

前講で述べたいくつかの変換の例を，群の立場から改めて見直してみよう．まず (1)，(2)，(3) をみると，一般的に，群の基本的な要請 (ii)，(iii)，(iv) は，変換の中ではすべて成り立っていることがわかる．したがって勝手に与えられた変換の集まり G が，次の条件をみたすならば，G は必然的に群となることがわかる．

$$S, T \in G \Longrightarrow ST \in G$$

$$I \in G$$

$$S \in G \Longrightarrow S^{-1} \in G$$

(I)　左右対称

左右対称を与える変換を T とすると

$$G = \{I, T\}$$

は 2 つの元からなる群をつくる．$T^2 = I$ によって

$$T = T^{-1}$$

となっていることがわかる (前講参照).

(II)　平行移動

平行移動全体は，‘最初の’ 平行移動を与える変換を T とすると

$$G = \{\ldots, T^{-n}, \ldots, T^{-1}, I, T, T^2, \ldots, T^n, \ldots\}$$

で与えられる．

$$T^m T^n = T^{m+n} \quad (T^0 = I \text{ とおく})$$

であり，T^n の逆元は T^{-n} で与えられるから，G は群になる．

(III)　平面上の平行移動

平面上の平行移動を生成する，‘最初の’ 横方向の平行移動を S，‘最初の’ 縦方向の平行移動を T とすると (前講参照)

$$G = \{S^m T^n \mid m, n = 0, \pm 1, \pm 2, \ldots, \pm n, \ldots\}$$

は，平面上の平行移動を与える．ここで $S^0 T^0 = I$ とおいてある．また $S^m T^0 = S^m$，$S^0 T^n = T^n$ である．

前講の (3) から，G の 2 つの元の積はまた G に含まれている．また，$ST = TS$ だから $(S^m T^n)^{-1} = S^{-m} T^{-n}$ となり，逆元も G に含まれているから，G は群になる．

(IV)　回　転

ある点を中心にして $\frac{2\pi}{12}$ だけ正の向きに回転する変換を S とすると，

$$G = \{I, S, S^2, S^3, \ldots, S^{11}\}$$

は群となる．これは前講で述べたことから明らかであるが，形式的に述べると次のようになる．

$S^{12} = I$ によって，たとえば $S^6 S^8 = S^{14} = S^2$，$S^{10} S^{10} = S^{20} = S^8$ となる．このように考えると，G の 2 つの元 S^m, S^n に対して，$S^m S^n \in G$ のことがわかる．

また S^m の逆元 S^{-m} は，$m + n$=12 となる n をとったとき S^n で与えられる：

$S^m \cdot S^n = S^{m+n} = S^{12} = I$. したがって $S^{-m} = S^n \in G$.

この2つのことから，G は群となることが結論される.

(V)　回転と反転

前講のように，$\dfrac{2\pi}{5}$ の回転を S，反転を T とする．このとき S と T を繰り返し行なって得られる変換全体は群となるが，この群に属する変換全体はどのようにかき表わされるかを考えてみよう.

まず $S^5 = I$ から，回転の全体は

$$\{I, S, S^2, S^3, S^4\}$$

である．また $T^2 = I$ から，反転は

$$\{I, T\}$$

だけである．このそれぞれは，前に述べたように群をつくっている.

しかし，いま考えている変換には，回転と反転を繰り返した

$$SSTSTSSSTS \tag{4}$$

のようなものが含まれている (T が続けて繰り返された形で，この表示の中に現われていないのは，$T^2 = I$ だからである)．しかし前講で述べたように S と T の間には，基本的な関係

$$STST = I$$

がある.

この式は，両辺に $(ST)^{-1}$ をかけて，$(ST)^{-1} = T^{-1}S^{-1}$ に注意すると

$$ST = T^{-1}S^{-1}$$

あるいは，$T = T^{-1}$ だから

$$ST = TS^{-1}$$

とかいてもよい．したがって，たとえば

$$SSTST = STS^{-1}ST = ST^2 = S$$

$$STSTST = STTS^{-1}ST = ST$$

同じように計算して (4) は

$$\begin{aligned} SSTSTSSSTS &= STS^{-1}STTS^{-1}S^{-1}S^{-1}S \\ &= TS^{-3}(= TS^2) \end{aligned}$$

となる.

このようにして $\frac{2\pi}{5}$ の回転 S と反転 T から得られる群は，結局

$$\{I, S, S^2, S^3, S^4, T, TS, TS^2, TS^3, TS^4\}$$

からなることがわかる．これは図形の上から考えても明らかなことである．

Tea Time

質問　群という概念は誰が最初に考えたのですか．

答　ワイルのいうように，2つの図形が対称であるということを認識する背景にはすでに群の概念があるとすると，群の概念の源流は，人間の文化の発祥のあたりまでさかのぼれるのかもしれない．それに比べれば，ここで述べたような群の概念が数学の中で確立したのは，ごく最近のこと——いまから約160年前のこと——であるといってよい．方程式論への18世紀後半の強い関心，特にカルダノ，フェラリによる4次方程式の解法の論拠を求めて，5次以上の方程式の解の公式を求めようとする努力が，深い海の底にじっとひそんで暗黙のうちに働いていた群の働きを，数学の明るい海面へと浮上させる契機となったのである．

この方向を切り拓いた先駆者として，ラグランジュやルフィニ (1765–1822)，コーシーなどの名前をあげることができる．ルフィニの仕事は，当時の数学者からはどこか疑わしそうだとみられて，十分の評価は得られなかったようである．ルフィニは，あることを仮定した上で，5次以上の方程式の代数的解法は不可能であることを示したのであるが，この結果を最終的に完全に証明したのはアーベルである．その後ルフィニの仕事は再評価され，彼の仕事の中にすでに置換群に関するいくつかの基本的な概念が存在していることが知られるようになった．

しかし，決定的な一歩は，20歳と7か月で決闘でこの世を去った天才少年ガロア (1811–1832) によって踏み出された．ガロアは方程式のガロア群を定義したが，ここで置換群が前面に登場し，方程式論の全容を明らかにするということになった．これ以来，群が単にさまざまな芸術作品のデザインの上だけではなくて，数学の諸概念の上に，積極的に働きかけてくるようになったのである．

第 4 講

群に関する基本的な概念

テーマ
- ◆ 有限群と無限群
- ◆ 可換群——アーベル群——と，非可換群
- ◆ 3 つのものの上の置換
- ◆ 置換の表示
- ◆ 3 次の対称群 S_3
- ◆ S_3 の非可換性

有限群と無限群

左右対称の変換がつくる群や，$\frac{2\pi}{12}$ だけの回転がつくる群は，前講でみたように，元の数が有限個 (前の群は元の数が 2，あとの群は元の数が 12) からなる群であるが，平行移動のつくる群は，それに反して，元が無限にある．

元の個数が有限個であるような群を有限群といい，元が無限にあるような群を無限群という．

無限群の方の例を少しあげておこう．

$\boldsymbol{Z}$：整数全体の集まり

$$\boldsymbol{Z} = \{\ldots, -3, -2, -1, 0, 1, 2, 3, \ldots\}$$

は，加法の演算によって群になる (このときは，群の演算は，ab ではなくて，$a+b$ と表わすことになる)．0 は単位元である：$n+0=n$．またたとえば 5 の逆元は -5 で与えられる：$5+(-5)=0$．$\boldsymbol{Z}$ は無限群である．

$\boldsymbol{R}$：実数全体の集まり $\boldsymbol{R}$ も加法の演算によって無限群となる．この場合も単位元は 0 であり，実数 t の逆元は $-t$ である．

$\boldsymbol{R}^*$：$\boldsymbol{R}^*$ によって 0 でない実数全体の集まりを表わすことにする．$\boldsymbol{R}^*$ は，実数の乗法の演算によって群となる．この群の単位元は 1 である：$t \cdot 1 = t$．また t

の逆元は $\dfrac{1}{t}$ で与えられる：$t \cdot \dfrac{1}{t} = 1$．$\boldsymbol{R}^*$ は無限群である．

なお，$\boldsymbol{R}$ 自身は，乗法の演算では群とならないことを注意しておこう．なぜなら，0 には逆元がないからである．

行列のことを知っている人は，n 次の正則行列 A の全体が，行列のかけ算で群になることも，容易に確かめることができるだろう．このとき単位元は，n 次の単位行列で与えられる．A の逆元は，A の逆行列 A^{-1} である．これも無限群であって，群 $\boldsymbol{R}^*$ を一般化したものであると考えることもできる (1 次の正則行列は，0 でない実数である！)．

有理数の全体は加法に関して群になる．0 でない有理数全体は乗法に関して群をつくっている．これらもともに無限群である．

可換群と非可換群

群のかけ算の性質に注目することによって，群を，大きな 2 つのクラスにわけることができる．

【定義】 群 G のかけ算がつねに

$$ab = ba$$

をみたすとき，G を可換群であるという．可換群でない群を非可換群という．

可換群をアーベル群ともいう．可換群のとき，2 つの元の積を，ab とかく代りに

$$a + b$$

とかくことも多い．したがってこの記法を用いるときには，特に断らなくとも

$$\boxed{a + b = b + a}$$

がつねに成り立っているわけである．可換群で，乗法の規則をこのように+で表わしたものを，加群ということもある．

加群では，単位元を 0 (ゼロ) と表わすのが慣例である．したがって

$$a + 0 = 0 + a = a$$

である．また a の逆元を $-a$ で表わし，$a + (-a)$ を単に $a - a$ とかく．したがって

$$a - a = 0$$

である．

$\boldsymbol{Z}$, $\boldsymbol{R}$, $\boldsymbol{R}^*$ は可換群である．また $\dfrac{2\pi}{12}$ や $\dfrac{2\pi}{5}$ の回転，一般には $\dfrac{2\pi}{n}$ の回転のつくる群も可換群である．$\boldsymbol{Z}$, $\boldsymbol{R}$, $\boldsymbol{R}^*$ は無限可換群であるし，回転のつくる群は有限可換群である．

いままで述べてきた群の例の中で，非可換群の例を与えるのは，回転と反転から生成された群 (第 3 講 (V)) だけである．しかし非可換群はたくさん存在する．それについてはこれからしだいに述べていくことにしよう．

行列のことを知っている人は，たとえば 2 次の行列 A, B に対して，一般には $AB \neq BA$ であり，したがって 2 次の正則行列全体は，非可換群をつくっていることがわかるだろう．

3 つのものの上の置換

3 つのものを，いろいろに移しかえることを考えてみよう．3 つのものを a, b, c とすると，a を b にかえ，b を c にかえ，c を a にかえるというようなことを考えてみようというのである．

それは 3 つのもの $\{a,b,c\}$ のおきかえ——置換——といってもよいし，a, b, c が 1 つの順序にしたがって並んでいると考えれば，順序の入れかえ——順列——を考えるといってもよい．この節ではもう少し改まったいい方で，集合 $\{a,b,c\}$ を自分自身の上に 1 対 1 に移す写像を考えるということにしよう．

この写像は 6 通り $(3! = 6)$ あって，それは次のように表わされる．

$$(\sharp)\quad \left\{\begin{array}{lll} \quad a \longrightarrow a & \quad a \longrightarrow b & \quad a \longrightarrow b \\ \varphi_1: b \longrightarrow b & \varphi_2: b \longrightarrow a & \varphi_3: b \longrightarrow c \\ \quad c \longrightarrow c & \quad c \longrightarrow c & \quad c \longrightarrow a \\ & & \\ \quad a \longrightarrow a & \quad a \longrightarrow c & \quad a \longrightarrow c \\ \varphi_4: b \longrightarrow c & \varphi_5: b \longrightarrow a & \varphi_6: b \longrightarrow b \\ \quad c \longrightarrow b & \quad c \longrightarrow b & \quad c \longrightarrow a \end{array}\right.$$

このようにかいただけでは，少し味気がないかもしれない．a として松，b として竹，c として梅をとったとき，この写像によって，松竹梅の配列がどのように変わるかを，デザインの変化として図 11 で示しておいた．

この写像の合成を考えてみよう．φ_i を行ない次に引き続いて φ_j を行なったものを，$\varphi_j \circ \varphi_i$ と表わすことにする．たとえば上の φ_2, φ_4 を参照すると

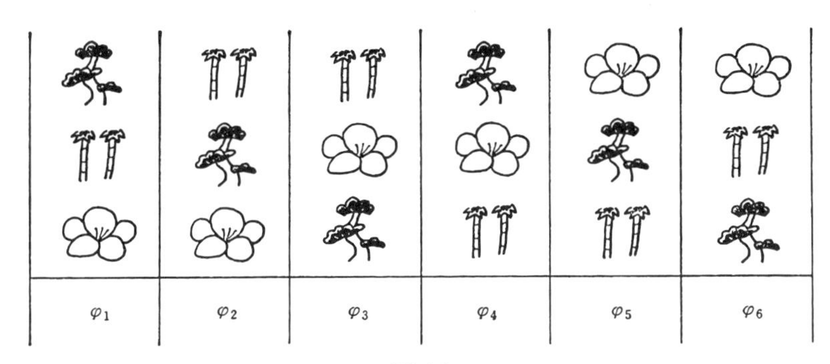

図 11

$$\varphi_4 \circ \varphi_2 : \begin{matrix} a \longrightarrow b \longrightarrow c \\ b \longrightarrow a \longrightarrow a \\ c \longrightarrow c \longrightarrow b \end{matrix} \qquad \text{したがって}\ \varphi_4 \circ \varphi_2 : \begin{matrix} a \longrightarrow c \\ b \longrightarrow a \\ c \longrightarrow b \end{matrix}$$

また上の φ_6, φ_3 を参照すると

$$\varphi_3 \circ \varphi_6 : \begin{matrix} a \longrightarrow c \longrightarrow a \\ b \longrightarrow b \longrightarrow c \\ c \longrightarrow a \longrightarrow b \end{matrix} \qquad \text{したがって}\ \varphi_3 \circ \varphi_6 : \begin{matrix} a \longrightarrow a \\ b \longrightarrow c \\ c \longrightarrow b \end{matrix}$$

この結果は ($\sharp$) と見比べると

$$\varphi_4 \circ \varphi_2 = \varphi_5, \quad \varphi_3 \circ \varphi_6 = \varphi_4 \tag{1}$$

のことを示している．同じようにして，たとえば

$$\varphi_2 \circ \varphi_2 = \varphi_1, \quad \varphi_3 \circ \varphi_5 = \varphi_1 \tag{2}$$

のようなこともわかる．

2 つの写像 φ_i と φ_j を合成した結果も，$\{a, b, c\}$ から自分自身の上への 1 対 1 写像となっているのだから，($\sharp$) の中の 1 つ，たとえば φ_k になっていなくてはならない；$\varphi_j \circ \varphi_i = \varphi_k$．写像の合成 $\varphi_j \circ \varphi_i$ を，φ_i と φ_j の積と考えると，結合則をみたしている (これについては，第 3 講，‘変換の性質’ を参照)．

また φ_1 は恒等写像だから，すべての φ_i に対して

$$\varphi_1 \circ \varphi_i = \varphi_i \circ \varphi_1$$

となっている．φ_i の逆写像を ${\varphi_i}^{-1}$ と表わすと

$${\varphi_i}^{-1} \circ \varphi_i = \varphi_i \circ {\varphi_i}^{-1} = \varphi_1$$

である．${\varphi_i}^{-1}$ も $\{a, b, c\}$ を自分自身の中へ移す写像なのだから，やはり ($\sharp$) の中

の1つになっている．たとえば，(2) は

$$\varphi_2{}^{-1} = \varphi_2, \quad \varphi_5{}^{-1} = \varphi_3$$

のことを示している．

これらのことから，(♯) に現われた6個の写像全体が，写像の合成を積の演算規則とすることによって，群をつくることがわかる．

この群を，$\{a, b, c\}$ 上の置換群，または3次の対称群といい，S_3 で表わす．

置換の表示

S_3 の元は，$\varphi_1, \varphi_2, \varphi_3, \varphi_4, \varphi_5, \varphi_6$ であるが，これらをふつう次のように表わす．

$$\varphi_1 : \begin{pmatrix} a & b & c \\ a & b & c \end{pmatrix} \quad \varphi_2 : \begin{pmatrix} a & b & c \\ b & a & c \end{pmatrix} \quad \varphi_3 : \begin{pmatrix} a & b & c \\ b & c & a \end{pmatrix}$$

$$\varphi_4 : \begin{pmatrix} a & b & c \\ a & c & b \end{pmatrix} \quad \varphi_5 : \begin{pmatrix} a & b & c \\ c & a & b \end{pmatrix} \quad \varphi_6 : \begin{pmatrix} a & b & c \\ c & b & a \end{pmatrix}$$

この記号は，写像 φ_i によって，a, b, c がそれぞれどこへ移るかを明示している点に特徴がある．

この記号を用いると，(1) はそれぞれ

$$\begin{pmatrix} a & b & c \\ a & c & b \end{pmatrix}\begin{pmatrix} a & b & c \\ b & a & c \end{pmatrix} = \begin{pmatrix} a & b & c \\ c & a & b \end{pmatrix}$$
$$\begin{pmatrix} a & b & c \\ b & c & a \end{pmatrix}\begin{pmatrix} a & b & c \\ c & b & a \end{pmatrix} = \begin{pmatrix} a & b & c \\ a & c & b \end{pmatrix} \tag{3}$$

とかくことができる．

S_3 の非可換性

(3) の左辺で積の順序をとりかえてみると

$$\begin{pmatrix} a & b & c \\ b & a & c \end{pmatrix}\begin{pmatrix} a & b & c \\ a & c & b \end{pmatrix} = \begin{pmatrix} a & b & c \\ b & c & a \end{pmatrix} \tag{4}$$

したがって (3) と (4) を見比べてみると

$$\begin{pmatrix} a & b & c \\ a & c & b \end{pmatrix}\begin{pmatrix} a & b & c \\ b & a & c \end{pmatrix} \neq \begin{pmatrix} a & b & c \\ b & a & c \end{pmatrix}\begin{pmatrix} a & b & c \\ a & c & b \end{pmatrix} \tag{5}$$

となることがわかり，S_3 が非可換であることがわかる．

(5) をよくみると，a と b をとりかえてから，b と c をとりかえることと，この手順を入れかえて，b と c をとりかえてから，a と b とをとりかえることでは，違う結果になることを示している．読者は，こんな簡単な操作でも，操作の手順を変えると結果が異なるのに驚かれたかもしれない．ここはむしろ，写像の合成という操作は，本来非可換性をもつという事実が，このような簡単な場合に，端的に示されているとみた方がよい．

一般的な立場でいうならば，2 つの異なる写像の合成が可換性を示すのは，むしろ例外的なことであるといってよいのである．

そしてそのことが，群の理論で，可換群の研究よりは，非可換群の研究の方にはるかに大きなウエイトがあることの 1 つの理由となっている．

Tea Time

質問　座標平面上の原点中心の回転で，回転角が $\frac{2\pi}{n}$ のときは，n 回まわってもとへ戻ることはわかります．点 P(1, 0) に，この回転 S をほどこしていくと，点 P を 1 つの頂点として，単位円に内接する正 n 角形の頂点が順次得られてきます．僕がお聞きしたいのは，n が分数や無理数のときにはどうなるのだろうかということです．たとえば，原点中心で，回転角が $2\pi \div \frac{5}{7}$ であるような回転を繰り返していくとどうなるのでしょうか．また，回転角が $\frac{2\pi}{\sqrt{2}}$ のような回転を繰り返していくと，どんな状態になって，どんな群が出てくるのかということです．

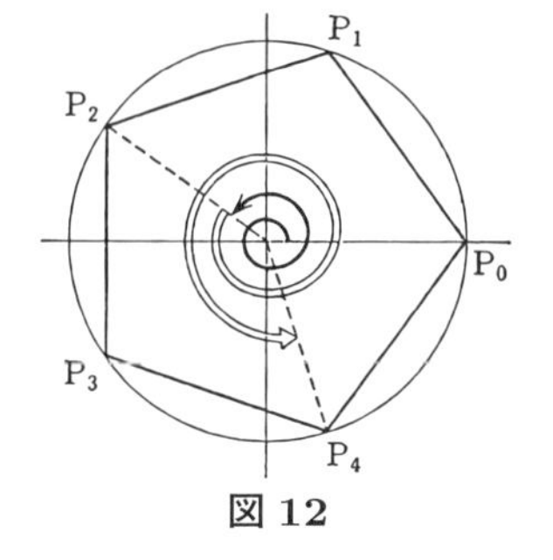

図 12

答　$2\pi \div \frac{5}{7}$，すなわち $\frac{2\pi}{5} \times 7$ の回転角でまわる回転 S の場合を考えよう．点 P(1, 0) を頂点とし，単位円に接する正 5 角形の頂点を，P からはじめて，順に，図 12 のように P_0, P_1, P_2, P_3, P_4 とする．$\frac{2\pi}{5} \times 7$ を，$\frac{2\pi}{5} \times (5+2)$ とかき直し

てみるとわかるように，S によって，円周上の点は，1周して，さらに $\frac{2\pi}{5}\times 2$ だけまわる．したがって

$$\mathrm{P}_0 \xrightarrow{S} \mathrm{P}_2 \xrightarrow{S} \mathrm{P}_4 \xrightarrow{S} \mathrm{P}_1 \xrightarrow{S} \mathrm{P}_3 \xrightarrow{S} \mathrm{P}_0$$

となる．したがってこの場合も $S^5 = I$ である．5回まわればもとへ戻るという性質を単に，群の乗法の性質と考えれば，$\frac{2\pi}{5}$ の回転も，$\frac{2\pi}{5}\times 7$ の回転も，群の立場では同じものと考えてもよいのである．両方とも，正5角形の回転に関する対称性を示している．

それに反して回転角が $\frac{2\pi}{\sqrt{2}}$ の回転を T とすると，円周上の任意の点Pに，何回 T を繰り返して行なっても，Pに二度と戻ってくることはない．すなわち，

$$\ldots, T^{-n}\mathrm{P}, \ldots, T^{-2}\mathrm{P}, T^{-1}\mathrm{P}, \mathrm{P}, T\mathrm{P}, T^2\mathrm{P}, \ldots, T^n\mathrm{P}, \ldots$$

は，すべて円周上の異なった点となる．実際これらの点は，円周上に稠密に分布していることが知られている．したがって，T は無限可換群を生成するのである．

第 5 講

対称群と正6面体群

テーマ
- n 次の対称群 S_n
- 対称群 S_1, S_2, S_3, S_4
- 正 6 面体群
- 正 6 面体群の元の数え上げ
- 群の同型
- 正 6 面体群は 4 次の対称群と同型になる.

n 次の対称群

一般に n 個のもの

$$\{a_1, a_2, \ldots, a_n\}$$

の置換全体のつくる群を，$\{a_1, a_2, \ldots, a_n\}$ 上の置換群，または n 次の対称群という．S_n で表わす．S_n の元は一般に

$$\begin{pmatrix} a_1 & a_2 & \cdots & a_n \\ a_{i_1} & a_{i_2} & \cdots & a_{i_n} \end{pmatrix} \tag{1}$$

と表わすことができる．ここで $i_1, i_2, \ldots, i_n$ は, $1, 2, \ldots, n$ の順列を表わしている.

写像と考えると，(1) は $a_1, a_2, \ldots, a_n$ をそれぞれ

$$a_1 \longrightarrow a_{i_1}, \quad a_2 \longrightarrow a_{i_2}, \quad \ldots, \quad a_n \longrightarrow a_{i_n}$$

へと移す写像と考えている.

S_n は，写像の合成によって群をつくっている．S_n の元の個数は，n 個のものの順列の $n!$ に等しい．もっとも，有限群のときには，元の個数について，ふつう次のような言葉づかいに関する定義をおいている.

【定義】 有限群の元の個数を，この群の位数という.

このいい方にしたがえば，S_n は，位数 $n!$ の有限群である.

記法の簡易化

$\{a_1, a_2, \ldots, a_n\}$ の上の置換群を調べるのに，いちいち $a_1, a_2, \ldots, a_n$ とかくことはわずらわしい．下の添数だけに注目して，単に，$1, 2, \ldots, n$ とかくことにしよう．そうすると (1) は

$$\begin{pmatrix} 1 & 2 & \cdots & n \\ i_1 & i_2 & \cdots & i_n \end{pmatrix}$$

と表わされることになり，(1) に比べればずっと簡明である．

以下では，n 次の対称群 S_n を調べるときには，いつもこの記法を採用することにしよう．

対称群 S_1, S_2, S_3, S_4

S_1 : S_1 は単位元だけからなる位数1の群である．

S_2 : S_2 は位数2の群であって，単位元

$$e = \begin{pmatrix} 1 & 2 \\ 1 & 2 \end{pmatrix}$$

と，もう1つの元

$$g = \begin{pmatrix} 1 & 2 \\ 2 & 1 \end{pmatrix}$$

とからなる．

$$g^2 = \begin{pmatrix} 1 & 2 \\ 2 & 1 \end{pmatrix}\begin{pmatrix} 1 & 2 \\ 2 & 1 \end{pmatrix} = \begin{pmatrix} 1 & 2 \\ 1 & 2 \end{pmatrix} = e$$

であって，したがって $g = g^{-1}$ である．

$g^2 = e$ のように，二度かけると単位元になるような状況は，左右対称を引き起こす変換や，平面上である直線に関して反転を引き起こすような変換で出会ったことを読者は思い出されるだろう．

S_3 : S_3 は位数6の群であって，前講で述べたように，S_3 は置換

$$\begin{pmatrix} 1 & 2 & 3 \\ 1 & 2 & 3 \end{pmatrix}, \begin{pmatrix} 1 & 2 & 3 \\ 2 & 1 & 3 \end{pmatrix}, \begin{pmatrix} 1 & 2 & 3 \\ 2 & 3 & 1 \end{pmatrix},$$

$$\begin{pmatrix} 1 & 2 & 3 \\ 1 & 3 & 2 \end{pmatrix}, \begin{pmatrix} 1 & 2 & 3 \\ 3 & 1 & 2 \end{pmatrix}, \begin{pmatrix} 1 & 2 & 3 \\ 3 & 2 & 1 \end{pmatrix}$$

からなる．S_3 は非可換群である．

S_4 : S_4 は位数 24 ($4! = 24$) の群である．S_4 は，たとえば

$$\begin{pmatrix} 1 & 2 & 3 & 4 \\ 3 & 1 & 4 & 2 \end{pmatrix}, \quad \begin{pmatrix} 1 & 2 & 3 & 4 \\ 1 & 4 & 2 & 3 \end{pmatrix}$$

のような元からなる．この 2 つの元の積は

$$\begin{pmatrix} 1 & 2 & 3 & 4 \\ 3 & 1 & 4 & 2 \end{pmatrix}\begin{pmatrix} 1 & 2 & 3 & 4 \\ 1 & 4 & 2 & 3 \end{pmatrix} = \begin{pmatrix} 1 & 2 & 3 & 4 \\ 3 & 2 & 1 & 4 \end{pmatrix} \tag{2}$$

である．また

$$\begin{pmatrix} 1 & 2 & 3 & 4 \\ 3 & 1 & 4 & 2 \end{pmatrix}^{-1} = \begin{pmatrix} 1 & 2 & 3 & 4 \\ 2 & 4 & 1 & 3 \end{pmatrix}$$

となる．S_4 も非可換群である．実際，(2) の左辺で積の順序をとりかえると，結果が違ってくる．

なお，一般に $n \geqq 3$ のとき，S_n は非可換群である．

正 6 面体群

図 13 で示してあるような，正 6 面体を考えよう．正 6 面体とは，合同な 6 個の正方形を面とする立方体のことである．正 6 面体には中心 O を通る 4 個の対角線がある．図ではこれらを I, II, III, IV によって示してある．

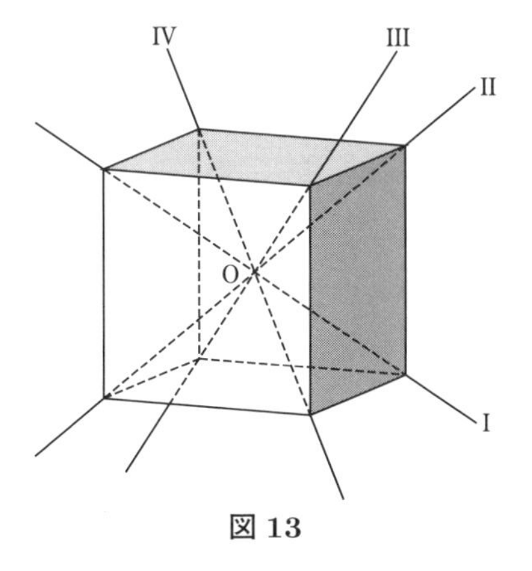

図 13

この正 6 面体の形をそのまま保つような O を中心とする回転は，(すなわち正 6 面体の対称性をそのまま保存する回転は) 以下でみるように，全体で 24 個あって，それらは，回転の合成を積として群をつくっている．この群を正 6 面体群といい，$P(6)$ で表わそう．

まず，$g \in P(6)$ ならば，g は，正 6 面体

を正6面体に移し，したがってまた対角線を対角線に移している．したがって，g は対角線 I, II, III, IV の置換を引き起こしている．

対角線 I, II, III, IV の置換の総数は 24 個であるが，この 24 個のそれぞれの置換を引き起こすような，$P(6)$ の元があることをすぐ以下で示そう．

そうすると，$P(6)$ の元は，{I, II, III, IV} の上の置換と同一視されることになる．ここで，回転を繰り返して行なうことは，置換を繰り返して行なうことと同じことになることを注意しておこう．それで結局，正6面体群 $P(6)$ は，4次の対称群 S_4 と同一視してもよいと結論されることになるのである．

正6面体群の元

対称群の記号と合わすために，図13の対角線 I, II, III, IV を 1, 2, 3, 4 と表わすことにする．

(i)　恒等変換

恒等変換は，恒等置換 $\begin{pmatrix} 1 & 2 & 3 & 4 \\ 1 & 2 & 3 & 4 \end{pmatrix}$ に対応する．

(ii)　中心軸のまわりの，$\frac{\pi}{2}$，π，$\frac{3}{2}\pi$ の回転

図14(a) で，底面を通る中心軸のまわりの回転 T によって，順次対角線の置換

$$\begin{pmatrix} 1 & 2 & 3 & 4 \\ 3 & 4 & 2 & 1 \end{pmatrix} \xrightarrow{T} \begin{pmatrix} 1 & 2 & 3 & 4 \\ 2 & 1 & 4 & 3 \end{pmatrix} \xrightarrow{T} \begin{pmatrix} 1 & 2 & 3 & 4 \\ 4 & 3 & 1 & 2 \end{pmatrix}$$

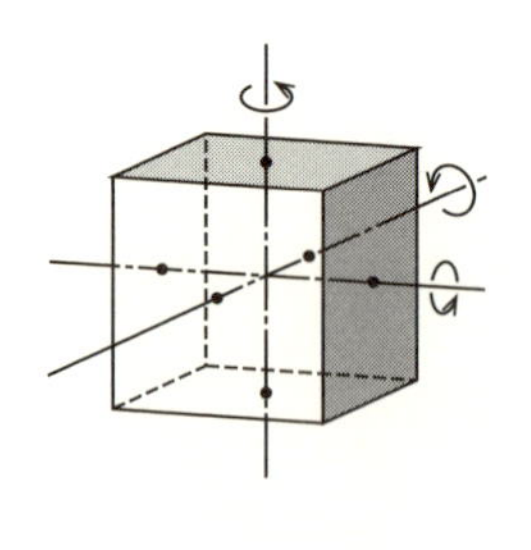

中心軸のまわりの
$\frac{\pi}{2}, \pi, \frac{3}{2}\pi$ の回転

(a)

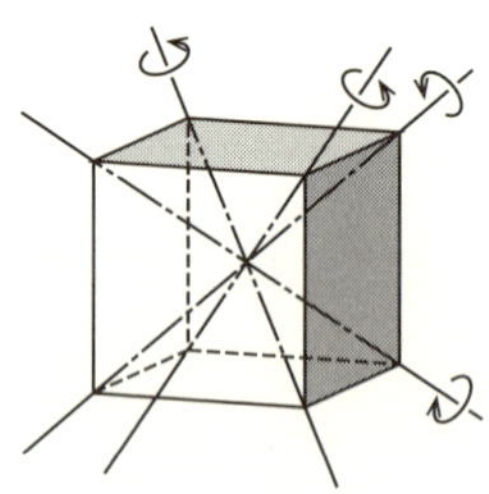

対角線のまわりの
$\frac{2}{3}\pi, \frac{4}{3}\pi$ の回転

(b)

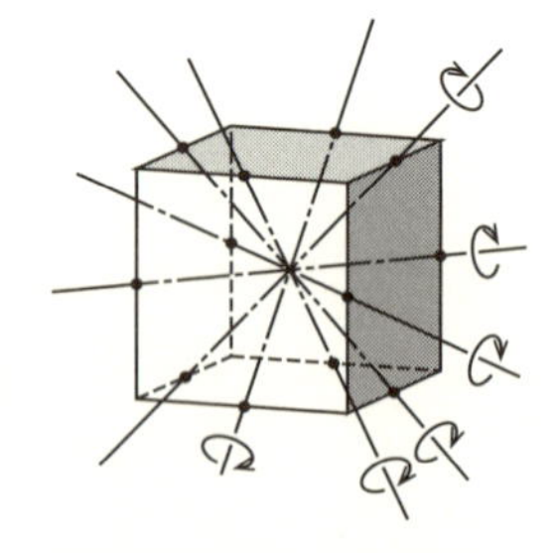

対辺の中点を結ぶ直線
のまわりの π の回転

(c)

図 14

が引き起こされる．

同様に，側面を通る他の 2 つの中心軸のまわりでは，順次対角線の置換

$$\begin{pmatrix} 1 & 2 & 3 & 4 \\ 2 & 3 & 4 & 1 \end{pmatrix} \longrightarrow \begin{pmatrix} 1 & 2 & 3 & 4 \\ 3 & 4 & 1 & 2 \end{pmatrix} \longrightarrow \begin{pmatrix} 1 & 2 & 3 & 4 \\ 4 & 1 & 2 & 3 \end{pmatrix}$$

および

$$\begin{pmatrix} 1 & 2 & 3 & 4 \\ 2 & 4 & 1 & 3 \end{pmatrix} \longrightarrow \begin{pmatrix} 1 & 2 & 3 & 4 \\ 4 & 3 & 2 & 1 \end{pmatrix} \longrightarrow \begin{pmatrix} 1 & 2 & 3 & 4 \\ 3 & 1 & 4 & 2 \end{pmatrix}$$

が引き起こされる．

(iii)　対角線のまわりの $\dfrac{2\pi}{3}, \dfrac{4\pi}{3}$ の回転

図 14(b) で，対角線 I のまわりの回転によって，対角線の置換

$$\begin{pmatrix} 1 & 2 & 3 & 4 \\ 1 & 4 & 2 & 3 \end{pmatrix} \longrightarrow \begin{pmatrix} 1 & 2 & 3 & 4 \\ 1 & 3 & 4 & 2 \end{pmatrix}$$

が引き起こされる．最初の置換が $\dfrac{2\pi}{3}$ の回転によるものであり，次がもう一度回転した，$\dfrac{4\pi}{3}$ の回転によるものである．

同様に他の 3 本の対角線のまわりで

$$\begin{pmatrix} 1 & 2 & 3 & 4 \\ 3 & 2 & 4 & 1 \end{pmatrix} \longrightarrow \begin{pmatrix} 1 & 2 & 3 & 4 \\ 4 & 2 & 1 & 3 \end{pmatrix} \quad (\text{II のまわり})$$

$$\begin{pmatrix} 1 & 2 & 3 & 4 \\ 2 & 4 & 3 & 1 \end{pmatrix} \longrightarrow \begin{pmatrix} 1 & 2 & 3 & 4 \\ 4 & 1 & 3 & 2 \end{pmatrix} \quad (\text{III のまわり})$$

$$\begin{pmatrix} 1 & 2 & 3 & 4 \\ 2 & 3 & 1 & 4 \end{pmatrix} \longrightarrow \begin{pmatrix} 1 & 2 & 3 & 4 \\ 3 & 1 & 2 & 4 \end{pmatrix} \quad (\text{IV のまわり})$$

(iv)　対辺の中点を結ぶ直線のまわりの π の回転

このときは，図 14(c) で示してあるが，それぞれの直線のまわりで 1 つずつ対角線の置換が引き起こされる．それらは全体で

$$(1\ 2),\ (1\ 3),\ (1\ 4),\ (2\ 3),\ (2\ 4),\ (3\ 4)$$

の 6 個である．ここで記号 $(a\ b)$ は，a と b だけの入れかえ——互換——を表わしている．たとえば

$$(1\ 2) = \begin{pmatrix} 1 & 2 & 3 & 4 \\ 2 & 1 & 3 & 4 \end{pmatrix}$$

である．

これらを総合すると，(i) の場合からは単位元が1つ，(ii) の場合からは，4つの対角線をすべて入れかえる置換が9個，(iii) の場合からは3つの対角線を入れかえる置換が8個，(iv) の場合からは，2つの対角線だけを入れかえる置換が6個登場している．

これらの総計は

$$1+9+8+6=24$$

であって，4次の対称群 S_4 の位数と一致している．

群の同型

正6面体群 $P(6)$ と，4次の対称群 S_4 は，働く場所がまったく違っている．正6面体群 $P(6)$ は，正6面体の形を変えないような空間の回転からなるし，対称群 S_4 の方は，4個のもの $\{1, 2, 3, 4\}$ の上に働いて，このすべての置換を引き起こしている．したがって群 $P(6)$ というときには，私たちは立方体を思い浮かべているし，S_4 というときには，4個のものの集まりをまず考えにおいている．

しかし，このようにまったく異なる様相を示している2つの群も，$P(6)$ の元が引き起こす対角線の置換に注目すれば，上にみてきたように，$P(6)$ の元は，S_4 の元と見なすことができる．回転を引き続いて行なうことは，置換を引き続いて行なうことになっている．したがって，正6面体に働く回転も，$\{1, 2, 3, 4\}$ の上に引き起こされる置換も，背景にあって支配しているのは，同じ群であるという観点が生じてくる．ワイルのいい方にならうならば，正6面体の対称性も，$\{1, 2, 3, 4\}$ の並び方を律する規則性も，イデアの世界で見るときには同じ群の働きによって統合されている．

このような視点を，純粋に数学の立場に立って定式化しようとすると，次の定義が生まれてくる．

【定義】　2つの群 G, G' が次の条件をみたすとき，G と G' は同型であるという：

G から G' の上への1対1写像 φ が存在して

$$\varphi(ab)=\varphi(a)\varphi(b)$$

が成り立つ．

群 G と G' が同型のことを，記号

$$G \cong G'$$

で表わす．また，G から G' への同型を与える写像 φ を，G から G' への同型写像という．

G, G' の単位元をそれぞれ e, e' とすると，φ は e を e' に移す：

$$\varphi(e) = e' \tag{3}$$

また，$a(\in G)$ の逆元 a^{-1} は，φ によって，$\varphi(a)$ の逆元へと移る：

$$\varphi(a^{-1}) = \varphi(a)^{-1} \tag{4}$$

(3) は，次のようにしてわかる．単位元 e を規定する条件‘すべての a に対して $ae = ea = a$’がそのまま φ によって，$\varphi(a)\varphi(e) = \varphi(e)\varphi(a) = \varphi(a)$ と G' に移され，したがって $\varphi(e) = e'$ となる．(4) も，逆元の条件 $aa^{-1} = a^{-1}a = e$ がそのまま φ によって $\varphi(a)\varphi(a^{-1}) = \varphi(a^{-1})\varphi(a) = e'$ と G' に移されることに注目するとよい．

この同型の概念を用いると，上に述べてきたことは，簡単に

$$P(6) \cong S_4$$

と表わされる．この同型対応は，$P(6)$ の元が，正 6 面体の対角線に引き起こす置換によって与えられる．

なお，一般に

$$\begin{aligned} G \cong G' \quad &\Longrightarrow G' \cong G \\ G \cong G',\ G' \cong G'' &\Longrightarrow G \cong G'' \end{aligned}$$

が成り立つことは容易に確かめられる．実際，上の関係を確かめるには，同型写像の逆写像を考えるとよいし，下の関係を確かめるには，同型写像の合成を考えるとよい．

Tea Time

左右対称の群

左右対称を与える群は，単位元を与える恒等変換 I と対称変換を与える T とからなり，$T^2 = I$ である．対称変換というと，私たちは，まず何か左右対称のものを考えようとするが，一時代前はこういうときには，神社の鳥居の前に左右におかれている狛犬（こま）などがよく引き合いに出された．いまならば，どんなものを思い浮かべるのだろうか．ジェット機が空港に止まっているとき，真前から見ると，完全に左右対称になっている．しかし，こうした例は，自然にすぐ思いつく例なのだろうか．

左右対称を与える群は，2次の対称群 S_2 と同型である．実際

$$I \longrightarrow \begin{pmatrix} 1 & 2 \\ 1 & 2 \end{pmatrix}, \quad T \longrightarrow \begin{pmatrix} 1 & 2 \\ 2 & 1 \end{pmatrix}$$

として，同型対応を与えることができる．

また次のような群とも同型になる．いま0と1に対して，加法を次のように定義しよう．

$$0+0=0, \quad 0+1=1+0=1, \quad 1+1=0$$

そうすると，$\{0, 1\}$ は群になるが，この群も，対応

$$I \longrightarrow 0, \quad T \longrightarrow 1$$

によって，左右対称の群と同型になる．

第 6 講

対称群と交代群

テーマ

- ◆ 正 6 面体群の互換の相互関係
- ◆ 任意の置換は互換の積として表わされる.
- ◆ 偶置換と奇置換
- ◆ n 次の交代群 A_n
- ◆ (Tea Time) 対称式と交代式

正 6 面体群の回転の相互関係

前講でみたように，正 6 面体群の中で，対辺の中点を結ぶ直線のまわりの π の回転は，2 つの対角線のおきかえを引き起こしている．そこでは，たとえば対角線 I と II が入れかわるのを記号

$$(1\ 2)$$

で表わしていた．これは，ふつうの置換の記号でかくと

$$\begin{pmatrix} 1 & 2 & 3 & 4 \\ 2 & 1 & 3 & 4 \end{pmatrix}$$

である.

いま $P(6)$ の元を任意に 1 つとろう．たとえば，底面を通る中心軸のまわりの $\dfrac{3}{2}\pi$ だけの回転を考えることにしよう．前講の結果を参照すると，この回転は，対角線の置換

$$\begin{pmatrix} 1 & 2 & 3 & 4 \\ 4 & 3 & 1 & 2 \end{pmatrix}$$

を引き起こしている．一方，すぐ確かめられるように

$$\begin{pmatrix} 1 & 2 & 3 & 4 \\ 4 & 3 & 1 & 2 \end{pmatrix} = (1\ 2)(2\ 3)(1\ 4) \tag{1}$$

となっている．右辺に現われる置換は，対辺の中点を結ぶ直線のまわりの回転によって引き起こされている．

さて，対角線の移り方によって回転は完全に決まるのだから，このことは次のことを示している．底面の中心を通る中心軸のまわりに $\frac{3}{2}\pi$ だけの回転を行なうには，$(1\ 4)$, $(2\ 3)$, $(1\ 2)$ の置換を引き起こすような対辺の中点を結ぶ直線を 3 本とって，そのまわりで π だけの回転を 3 回続けて行なうとよい．正 6 面体だけを考えて，このことを推論することは，なかなか大変なことであるが，それが (1) の表示からの簡明な結論として得られるところに，興味があるのである．

ところが実はこのことは一般に成り立つことであって，$P(6)$ の元を与える回転は，対辺の中点を結ぶ直線のまわりでの，π だけの回転を何回か (実際は高々 3 回) 繰り返すことによって必ず得られるのである．

しかしこのことは，正 6 面体群 $P(6)$ から，同型な群 S_4 へと移ると，はるかに一般的な形——対称群 S_n のもつ一性質——として述べることができる．

互　　換

そこで話を，再び一般の n 次の対称群 S_n へと戻す．以下 $n \geqq 2$ とする．

【定義】　S_n の元で，2 つの数字 i, j を入れかえる置換を互換といい，記号 $(i\ j)$ で表わす．

すなわち

$$(i\ j) = \begin{pmatrix} 1 & 2 & \cdots & i & \cdots & j & \cdots & n \\ 1 & 2 & \cdots & j & \cdots & i & \cdots & n \end{pmatrix}$$

である．

このとき，上に述べたことは，次の一般的な命題からの系となる．

S_n の任意の元 σ は，互換の積として表わされる．

このことは実はほとんど明らかなことなのだが，一般の n について示そうとすると，数学的帰納法を用いなければならなくなって，あまり明らかそうな感じがしなくなってくる．ここでは S_6 の 1 つの元

$$\sigma = \begin{pmatrix} 1 & 2 & 3 & 4 & 5 & 6 \\ 5 & 4 & 2 & 1 & 6 & 3 \end{pmatrix}$$

をとり，σ が互換の積として表わされる過程を調べることによって，一般の場合にも命題が成り立つことを類推してもらうことにする (一般の場合の証明は特に述べない).

そのため，単位置換 e から出発して，σ を見ながら，順次 1 を 5 にかえ，次に 2 を 4 にかえ，次に 3 を 2 にかえるというようなことを，互換によって行なっていってみよう.

$$e = \begin{pmatrix} 1 & 2 & 3 & 4 & 5 & 6 \\ 1 & 2 & 3 & 4 & 5 & 6 \end{pmatrix} \xrightarrow{(1\ 5)} \begin{pmatrix} 1 & 2 & 3 & 4 & 5 & 6 \\ \underline{5} & 2 & 3 & 4 & \underline{1} & 6 \end{pmatrix}$$

$$\xrightarrow{(2\ 4)} \begin{pmatrix} 1 & 2 & 3 & 4 & 5 & 6 \\ 5 & \underline{4} & 3 & \underline{2} & 1 & 6 \end{pmatrix}$$

$$\xrightarrow{(3\ 2)} \begin{pmatrix} 1 & 2 & 3 & 4 & 5 & 6 \\ 5 & 4 & \underline{2} & \underline{3} & 1 & 6 \end{pmatrix}$$

$$\xrightarrow{(3\ 1)} \begin{pmatrix} 1 & 2 & 3 & 4 & 5 & 6 \\ 5 & 4 & 2 & \underline{1} & \underline{3} & 6 \end{pmatrix}$$

$$\xrightarrow{(3\ 6)} \begin{pmatrix} 1 & 2 & 3 & 4 & 5 & 6 \\ 5 & 4 & 2 & 1 & \underline{6} & \underline{3} \end{pmatrix} = \sigma$$

したがって

$$\begin{aligned} \sigma &= (3\ 6)(3\ 1)(3\ 2)(2\ 4)(1\ 5)e \\ &= (3\ 6)(3\ 1)(3\ 2)(2\ 4)(1\ 5) \end{aligned}$$

これで σ が互換の積として表わされた.

この命題によって，S_n の任意の元は何回か互換を繰り返すことによって得られることがわかった (たとえば単位元 e は，$e = (1\ 2)(1\ 2)$ と表わされる！). この状況を

S_n は，互換によって生成される

ともいい表わす.

この命題を S_4 の場合に適用すれば，最初に述べた，正 6 面体群の回転の話と

結びついてくる．

なお，任意の互換は，自分自身がその逆元になっていることを注意しておこう：

$$(i\ j)^{-1} = (i\ j) \tag{1}$$

いいかえれば，i と j を入れかえて，次にもう一度 i と j を入れかえれば，もとに戻る．これは当り前のことであろう．

偶置換と奇置換

S_n の任意の元 σ は，互換の積として表わされることはわかったが，この表わし方は1通りではないのである．たとえば，S_4 では

$$\begin{aligned} e = \begin{pmatrix} 1 & 2 & 3 & 4 \\ 1 & 2 & 3 & 4 \end{pmatrix} &= (1\ 2)(1\ 2) = (1\ 2)(3\ 4)(1\ 2)(3\ 4) \\ &= (1\ 2)(3\ 4)(1\ 2)(3\ 4)(3\ 4)(3\ 4) \end{aligned} \tag{2}$$

$$(1\ 3) = (1\ 4)(1\ 3)(3\ 4) = (1\ 4)(1\ 3)(1\ 2)(3\ 4)(1\ 2) \tag{3}$$

などが成り立つ．

これは日常的なことからも明らかなことである．中学校で，先生が整列している50人の生徒を，ある別の順に並びかえようとする．先生が2人ずつ生徒を入れかえてこれを実行しようとすると，手際のよい先生は早く済むが (互換の回数が少ない)，手順を間違った先生は，生徒の入れかえを何度もやり直しながら，手間をかけて行なっていくだろう．このとき互換の数は増える一方である！

しかし次のことは成り立つ．

> S_n の元 σ を互換の積として表わすとき，現われる互換が偶数個か奇数個かということは，σ によって決まっている．

(2) をみると，単位元 e を表わす互換の数はつねに偶数である．また (3) をみると，互換 (1 3) を，別の仕方で互換の積として表わす表わし方はいろいろあるとしても，そこに登場する互換の数はつねに奇数となっている．

このような状況は，実はいつも成り立つことである．そのことを保証するのが上の命題である．この証明の考え方は，Tea Time で触れることにして，いまは

この命題を認めて，話を進めていくことにする．

この命題によって，次の定義が可能になる．

【定義】 S_n の元 σ が偶数個の互換の積として表わされているとき σ を偶置換という．また σ が奇数個の互換の積として表わされているとき σ を奇置換という．

このとき次のことが成り立つ．

(I) σ, τ が偶置換ならば	(II) σ, τ が奇置換ならば
(i) $\sigma\tau$ も偶置換	(i) $\sigma\tau$ は偶置換
(ii) σ^{-1} も偶置換	(ii) σ^{-1} は奇置換

どちらも同様だから，左の方だけを示しておこう．

$$\sigma = (i_1\ j_1)(i_2\ j_2)\cdots(i_{2s}\ j_{2s})$$
$$\tau = (k_1\ l_1)(k_2\ l_2)\cdots(k_{2t}\ l_{2t})$$

とすると

$$\sigma\tau = (i_1\ j_1)\cdots(i_{2s}\ j_{2s})(k_1\ l_1)\cdots(k_{2t}\ l_{2t})$$

となり，この右辺に現われる互換の数は，$2s+2t$ であって，これは偶数である．

また (1) に注意すると

$$\sigma^{-1} = (i_{2s}\ j_{2s})\cdots(i_2\ j_2)(i_1\ j_1)$$

と表わされることがわかる．したがって σ^{-1} も偶置換である． ∎

また

σ が偶置換，τ が奇置換ならば，$\sigma\tau$ は奇置換

が成り立つことも注意しておこう．

これらの結果を簡単に記述するためには，置換の符号というものを導入しておくとよい．置換 σ に対し

$$\operatorname{sgn}\sigma = \begin{cases} 1, & \sigma \text{ が偶置換のとき} \\ -1, & \sigma \text{ が奇置換のとき} \end{cases}$$

とおいて，$\operatorname{sgn}\sigma$ を，σ の符号というのである．(sgn は，sign (サイン) と読んでもよいようだが，そうすると三角関数と間違われるおそれもあるので，ふつうは signum (シグヌム) と読むようである．これはラテン語である．) この記号を用いると，上の結果は簡明に

$$\operatorname{sgn}\sigma\tau = \operatorname{sgn}\sigma\operatorname{sgn}\tau, \quad \operatorname{sgn}\sigma^{-1} = \operatorname{sgn}\sigma$$

とまとめることができる．

交　代　群

(I) の示していることは，S_n の中で，偶置換どうしは，かけ合わせても偶置換であり，また逆元も偶置換であることを示している．したがって偶置換 σ をとって，$\sigma^{-1}\sigma = e$ と表わしてみるとわかるように，単位元 e も偶置換である．

このことは，S_n の中で，偶置換全体を集めると，これが1つの群になることを示している．この群は重要だから，定義の形ではっきり述べておくことにしよう．

【定義】 S_n の中で，偶置換全体のつくる群を A_n と表わし，n 次の交代群という．

> A_n は位数 $\dfrac{n!}{2}$ の群である．

【証明】 σ を偶置換とすると，もう一度互換 $(1\ 2)$ をほどこした $(1\ 2)\sigma$ は奇置換である．したがって対応

$$\sigma \longrightarrow (1\ 2)\sigma$$

は，偶置換の集合から奇置換の集合への対応を与えている．$\sigma \neq \tau$ ならば $(1\ 2)\sigma \neq (1\ 2)\tau$ である．したがってこの対応は1対1であり，このことから

$$\text{偶置換の個数} \leqq \text{奇置換の個数}$$

が結論できる．次に，奇置換の集合から偶置換の集合への対応 $\tau \to (1\ 2)\tau$ を考えると，同様にして

$$\text{奇置換の個数} \leqq \text{偶置換の個数}$$

が得られる．したがって偶置換の個数と奇置換の個数は一致している．

S_n の位数は $n!$ だったから，このことから，偶置換の個数は，ちょうどこの半分の $\dfrac{n!}{2}$ でなければならないことがわかる．　■

【例1】 A_3 は

$$(1\ 2)(1\ 2) = \begin{pmatrix} 1 & 2 & 3 \\ 1 & 2 & 3 \end{pmatrix},\quad (1\ 3)(1\ 2) = \begin{pmatrix} 1 & 2 & 3 \\ 2 & 3 & 1 \end{pmatrix},$$

$$(1\ 2)(1\ 3) = \begin{pmatrix} 1 & 2 & 3 \\ 3 & 1 & 2 \end{pmatrix}$$

の 3 つからなる．

【例 2】　A_4 は，単位元と

$$(1\ 2)(1\ 3),\ (1\ 3)(1\ 2),\ (1\ 2)(2\ 4),\ (2\ 4)(1\ 2),\ (2\ 3)(3\ 4),$$
$$(3\ 4)(2\ 3),\ (3\ 4)(1\ 4),\ (1\ 4)(3\ 4),\ (1\ 2)(3\ 4),\ (1\ 3)(2\ 4),$$
$$(1\ 4)(2\ 3)$$

の 12 個の置換からなる．

Tea Time

対称式と交代式

n 次の対称群は，n 変数 $x_1, x_2, \ldots, x_n$ の整式 $f(x_1, x_2, \ldots, x_n)$ に働くことができる．一般の n でこのことを説明するのは，Tea Time にはふさわしくないので，n が 3 のときにこのことを説明してみよう．

たとえば置換

$$\sigma = \begin{pmatrix} 1 & 2 & 3 \\ 2 & 3 & 1 \end{pmatrix}$$

は，整式 $f(x_1, x_2, x_3)$ において変数 x_1 を x_2 に，x_2 を x_3 に，x_3 を x_1 におきかえるように働くと考える：たとえば

$$\sigma : x_1 + 5\,(x_2)^6\,(x_3)^2 \longrightarrow x_2 + 5\,(x_3)^6\,(x_1)^2$$

である．3 変数 x_1, x_2, x_3 の整式 $f(x_1, x_2, x_3)$ に対してこのように σ を働かして得られた整式を $(\sigma f)(x_1, x_2, x_3)$ とかくことにしよう．要するに，σ による変数のおきかえであって

$$(\sigma f)\,(x_1, x_2, x_3) = f\left(x_{\sigma(1)}, x_{\sigma(2)}, x_{\sigma(3)}\right)$$

である．($\sigma(i)$ とかいたのは，i が置換 σ で移った先を示す．)

さて，3 次の整式に対して，このように 3 次の対称群 S_3 が働くと考えると，3 次の整式の中でこの働きに関して強い‘対称性’を示すのは，すべての σ に対して，

$$\sigma f = f \quad (\sigma \in S_3)$$

をみたすものである．この性質をもつ整式を対称式という．たとえば，

$$x_1 + x_2 + x_3, \quad x_1x_2 + x_2x_3 + x_3x_1, \quad x_1x_2x_3 \qquad (*)$$

は対称式である．また

$$x_1{}^2+x_2{}^2+x_3{}^2$$

も対称式であるが

$$x_1{}^2+x_2{}^2+x_3{}^2=(x_1+x_2+x_3)^2-2\,(x_1x_2+x_2x_3+x_3x_1)$$

となって，$(*)$ の整式として表わされる．実際，任意の対称式は，$(*)$ の整式としてかき表わされることが知られている．その意味で，$(*)$ は基本対称式とよばれているのである．いわば，任意の対称式は，基本対称式によって組み立てられている．

これに対し，互換によって符号が変わるような整式，すなわち

$$\begin{aligned} f\,(x_1,x_2,x_3) &= -f\,(\underline{x_2},\underline{x_1},x_3) && (\text{互換 }(1\ 2)\text{ による}) \\ &= \quad f\,(x_2,\underline{x_3},\underline{x_1}) && (\text{互換 }(1\ 3)\text{ による}) \\ &= -f\,(\underline{x_1},x_3,\underline{x_2}) && (\text{互換 }(1\ 2)\text{ による}) \end{aligned}$$

をみたす整式を，交代式という．交代式の中で，最も典型的なものは

$$\varDelta\,(x_1,x_2,x_3)=(x_1-x_2)\,(x_1-x_3)\,(x_2-x_3)$$

である．

この交代式 $\varDelta$ を用いると，任意の $\sigma\in S_3$ を，互換の積として表わすとき，その互換の個数が偶数か奇数か，一定していることが証明できる．それは次のように考えるのである．

$$(\sigma\varDelta)\,(x_1,x_2,x_3)=\varDelta(x_{\sigma(1)},x_{\sigma(2)},x_{\sigma(3)})$$

は，$\varDelta(x_1,x_2,x_3)$ か，$-\varDelta(x_1,x_2,x_3)$ のいずれかである．もし σ が，ある表わし方で，偶数回の互換の積として表わされたならば，1回ごとの互換で $\varDelta$ の符号が変わるのだから，最終的には

$$\sigma\varDelta=\varDelta$$

である．σ を互換の積として表わす別の表わし方で，もしかりに，奇数回互換が登場するようなことがあるならば，今度は

$$\sigma\varDelta=-\varDelta$$

となるだろう．これは明らかに矛盾である．

したがって，σ を互換の積として表わすとき，偶数回互換が現われるという性質は，表わし方によらないのである．奇置換の場合も同様である．

第 7 講

正多面体群

テーマ

- ◆ 正多面体
- ◆ 正多面体群
- ◆ 部分群
- ◆ 正 4 面体群：$P(4) \cong A_4$
- ◆ 正 6 面体群と正 8 面体群：$P(6) \cong P(8) \cong S_4$
- ◆ 正 12 面体群と正 20 面体群：$P(12) \cong P(20) \cong A_5$
- ◆ (Tea Time) 正多面体が 5 種類しかないことの証明

正多面体

おのおのの面が合同な正多角形からなり，各頂点で同じ数の面が集まっているような凸多面体を，正多面体という．

ギリシャの哲人プラトンは，正多面体は 5 種類しかなく，それらは正 4 面体，

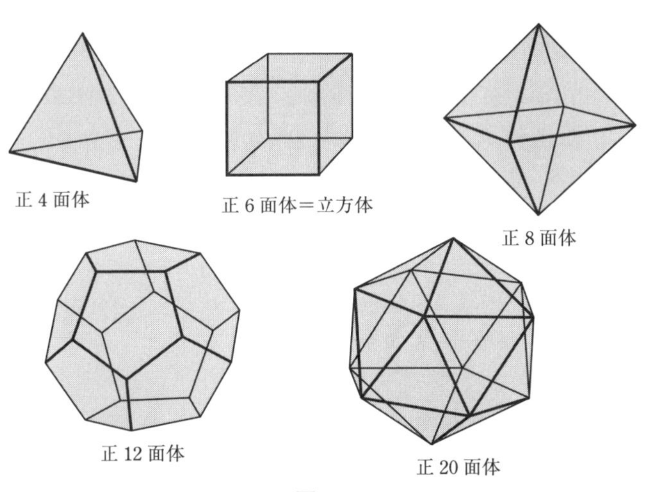

図 15

正6面体，正8面体，正12面体，正20面体で与えられることをすでに知っていた．プラトンは，5種の正多面体と，当時信じられていた世界の4大要素，火水風地との関係を詳しく考察し，それを『ティマイオス』にまとめたのである．

5種類の正多面体は図15で示してある．この図から実際数えてみるとわかるように，それぞれの正多面体の頂点，辺，面の関係は表1のようになっている．

表1

正多面体の種類	面の種類	それぞれの個数			
		頂点	辺	面	1頂点に集まる面
正 4 面体	正3角形	4	6	4	3
正 6 面体	正4角形	8	12	6	3
正 8 面体	正3角形	6	12	8	4
正12面体	正5角形	20	30	12	3
正20面体	正3角形	12	30	20	5

正多面体群

第5講で正6面体群を詳しく考察してきた．同じような考察は，ほかの正多面体についても可能である．

【定義】 1つの正多面体の中心のまわりの回転で，その正多面体を不変に保つもの全体は群をつくる．この群を正多面体群という．

私たちは，正多面体の対称性を保つ回転に注目しようとしているのである．もう少し細かくいえば，各正多面体の種類にしたがって，正4面体群，正6面体群，正8面体群，正12面体群，正20面体群といい，これらを総称して正多面体群というのである．またこれらの群を，それぞれ $P(4), P(6), P(8), P(12), P(20)$ と表わそう．

正確にいえば，正6面体にしても空間におくおき方はいろいろあって，これを不変にする中心のまわりの回転はもちろんおき場所によって違うが，それらのつくる群はすべて同型であって，それを $P(6)$ とおこうというのである．

部　分　群

前講で述べたように，n 個のものの置換の中で，偶置換だけ集めても群をつくる．この状況，すなわち対称群 S_n の一部分として，交代群 A_n が得られるという関係は，以下でみるように，正多面体の形状――対称性――の相互関係にも反映している．

まず，S_n と A_n の関係を一般にした次の部分群の概念を導入しておこう．

【定義】 群 G の部分集合 H が次の条件をみたすとき，H を G の部分群という．

(i)　$a, b \in H \Longrightarrow ab \in H$

(ii)　$a \in H \Longrightarrow a^{-1} \in H$

(i) と (ii) が成り立っていると，$a \in H \Rightarrow aa^{-1} \in H$ によって，単位元 e も H に属している．このことから H 自身を独立にとり出して考えても群になっていることがわかる．

G の中に含まれる一番大きい部分群は G そのものであり，一番小さい部分群は，単位元 e だけからなる部分群である．

正 4 面体群

正 4 面体群 $P(4)$ は，4 次の交代群 A_4 と同型である：

$$P(4) \cong A_4$$

$P(4)$ の元は，正 4 面体の 4 個の頂点の置換を引き起こす．この置換によって，4 個の頂点の偶置換がすべて現われ，これによって上の同型が成り立つのである．

偶置換がすべて現われることは次のようにしてわかる．4つの頂点から，底辺の中心に下ろした軸を中心とする $\frac{2\pi}{3}\ (=120^\circ)$，$\frac{4\pi}{3}\ (=240^\circ)$ の回転は $4\times 2 = 8$ (個) の偶置換を引き起こす．これらの回転が実際偶置換となっていることは，読者が確かめてみられるとよい．そのほかに，対辺の中点を結ぶ 3 個の軸のまわりの $\pi\ (=180^\circ)$ の回転で，3 個の偶置換が引き起こされる (図 16 参照)．これに単位変換に相当する単位置換を合わせて，結局，総計 12 個のすべ

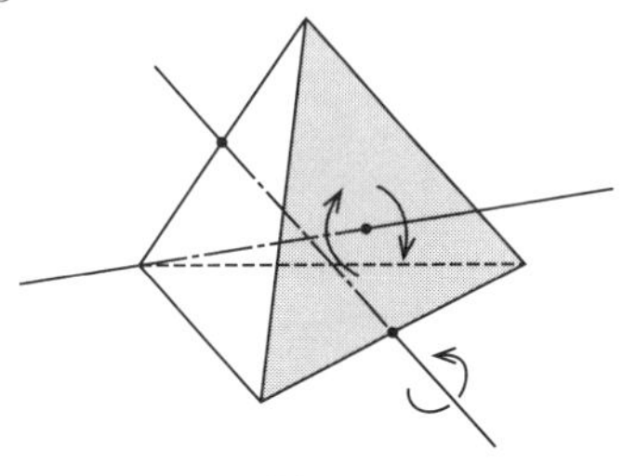

図 16

ての偶置換が，$P(4)$ の元から導かれることがわかった．

$P(4)$ の元がこれ以外にはないことは，回転を与える回転軸が上に述べた $4+3=7$ (本) しかないことからわかる．

正 6 面体群

正 6 面体群は，第 5 講で示したように，4 次の対称群 S_4 と同型である：

$$P(6) \cong S_4$$

正 8 面体群

表 1 を見るとわかるように，正 6 面体と正 8 面体には頂点と面の個数との間に，きわだった双対性がある．この双対性は，図形の上ではもっとはっきりした形をとって現われている．図 17(a) に示してあるように，正 6 面体の面の中点 (6 個ある！) を結ぶと，この正 6 面体の中に正 8 面体が実現される．逆に図 17(b) で示してあるように，正 8 面体の面の中点 (8 個ある！) を結ぶと，正 8 面体の中に，正 6 面体が実現されてくる．

したがって正 6 面体と正 8 面体のこの相互の位置関係から，正 6 面体を不変にする回転は，内部にある正 8 面体を不変とし，逆に，正 8 面体を不変にする回転は，内部にある正 6 面体を不変にしている．したがって同型対応

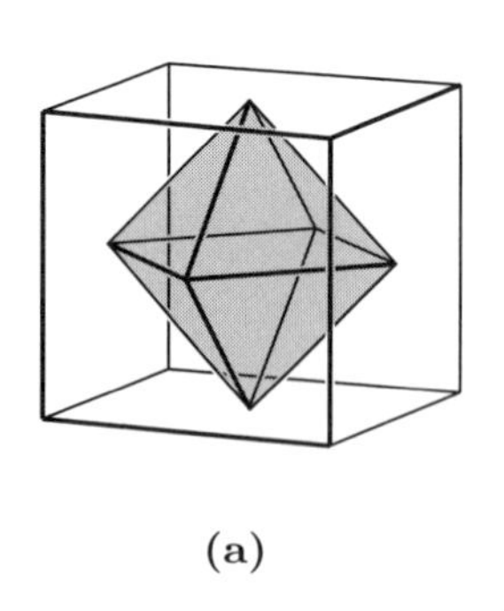
(a)

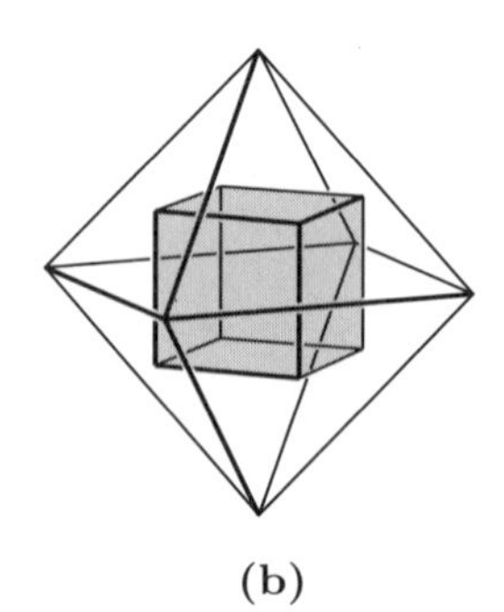
(b)

図 17

$$P(8) \cong P(6) \cong S_4$$

が示された.

$P(4)$ と $P(6)$ の関係

$P(4)$ は, 4 次の交代群 A_4 と同型であり, $P(6)$ は 4 次の対称群 S_4 と同型である. 抽象的な群としては, A_4 は S_4 の部分群となっている.

このことから, 正 4 面体と正 6 面体との間に, 次の性質をもつ相互の位置関係があるかもしれないと予想されてくる：正 6 面体を不変にする回転のうちで, ちょうど対角線の偶置換を与えるものが, 正 4 面体を不変にする.

このような正 6 面体と正 4 面体の位置関係は図 18 で与えてある. 正 6 面体の中に, この性質をみたすように正 4 面体を入れる入れ方は, 2 通りある.

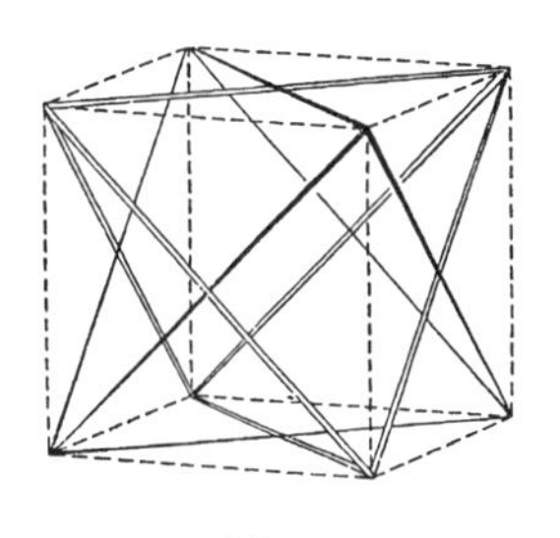

図 18

正 12 面体と正 20 面体

表 1 を見ると, 正 12 面体と正 20 面体の頂点と面の個数の間にも, 強い双対性がある. 実際, ここでも正 6 面体と正 8 面体の間に存在していた双対性と, 同様のことが成り立つのである. すなわち, 正 12 面体の面の中点を頂点として, 正 20 面体が得られ, 逆に, 正 20 面体の面の中点を頂点とすることにより, 正 12 面体が得られる.

このことから, 正 12 面体群と正 20 面体群との間に同型対応

$$P(12) \cong P(20)$$

が存在することがわかる.

正 20 面体群

正 20 面体群は, 5 次の交代群 A_5 と同型である；

$$P(20) \cong A_5$$

同型の詳細はここでは述べないが，$P(20)$ の元を与える回転は，同型対応 $P(20) \cong P(12)$ を通して正12面体の方でいうと次の4種類からなっている.

(i)　恒等変換

(ii)　向かい合っている2つの頂点を結ぶ対称軸が10個あり，この軸を回転軸とする $\frac{\pi}{3}, \frac{2\pi}{3}$ の回転がある——この総数20個.

(iii)　向かい合っている2つの面の中心を結ぶ対称軸が6個あり，この軸を回転軸とする $\frac{\pi}{5}, \frac{2\pi}{5}, \frac{3\pi}{5}, \frac{4\pi}{5}$ の回転がある——この総数24個.

(iv)　向かい合った2辺の中点を結ぶ対称軸が15個あり，この軸を回転軸とする π の回転がある——この総数15個.

結局，$P(20)$ の位数は

$$1 + 20 + 24 + 15 = 60$$

となる．これは，A_5 の位数と一致している.

正6面体と正12面体の関係

正6面体は，図19で示したように，正12面体の中に入れることができる．この図を見るとわかるように，正12面体は正6面体に屋根をかぶせることによって実現できるのである．この正12面体を不変にする，$P(12)$ に属する回転は，もちろん内部にある正6面体を不変にしている．この回転によって，正6面体群 $P(6)$ $(\cong S_4)$ の中でちょうど偶置換のもの，すなわち A_4 に属する回転が誘導される.

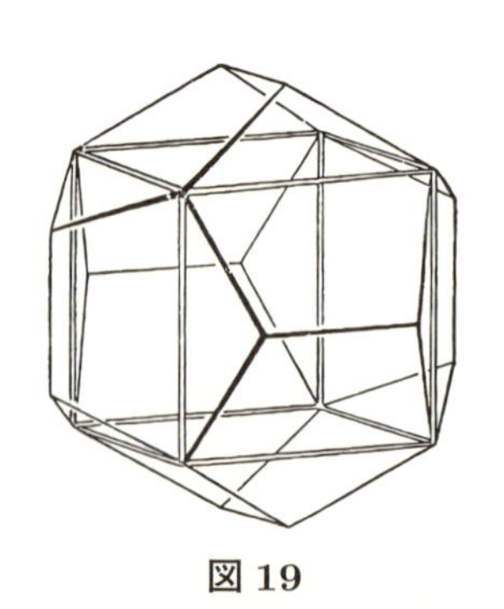

図19

Tea Time

正多面体と球面

正多面体の中心から頂点までの距離を1にしておくと，各正多面体は，半径1

の球に内接させることができる．このようにすると，正 4 面体，正 6 面体，...，正 20 面体に応じて，球面上に綺麗に対称的に並ぶ，これら正多面体の 4 個，8 個，...，12 個の頂点がしるされていくことになる．各正多面体群に属する回転は，これら頂点を頂点に移すように，球面を回転させている．この回転は，また球面の向きをいつも正の向きに保つようにとることができる．

したがって，正多面体群は，球面を正の向きにまわす回転全体のつくる群——3 次元の回転群——の部分群となっているわけである．球面は最も完全な対称性をもっているから，この対称性を保つ回転は非常にたくさん存在する．この事情が，正多面体群は有限群だったのに，3 次元の回転群は無限群となることに反映している．球面を球面に移す回転は，球の中心をとめて，長さを保つ空間の線形写像として特性づけることができる．そのことから，線形写像のことを知っている人は，行列式が 1 であるような 3 次の直交行列全体 $SO(3)$ が，ちょうど 3 次元の回転群を与えていることがわかるだろう．なお，ここで SO とかいたのは，特殊直交群 special orthogonal group の頭文字である．

質問　正多面体がたった 5 種類しかないということは，僕には驚くべき事実に思われます．プラトンは，どのようにしてこのことを知ったのでしょうか．

答　プラトンがこの事実を知っていたのは確かであるが，プラトンがどのようにして，このことを知るようになったかは，わかっていないようである．

文献では，ユークリッドの『原論』第 13 巻の中にその証明を見出すことができる．その考えを説明してみよう．正多角形の 1 つの頂点に正 p 角形が q 個集まっているとしてみよう．正 p 角形の 1 つの内角は

$$\frac{2(p-2)}{p} \times 90^\circ \qquad (*)$$

である (ここでは，角度の単位として見なれている‘度’を用いた)．ここで多少唐突だが日本古来の傘を考えてみよう．傘の先端を正多角形の頂点にたとえてみると，傘の隣り合った骨が先端のところでつくる角度が，いまの場合 $(*)$ になっている．傘を広げれば隣り合った骨のつくる角度は大きくなるが，傘をすぼめれば，この角度は小さくなっていく．傘が平らになるまで広げきったとき，この角

度の総計は 360° である．しかし，傘を平らにすることはないから，角度の総計はつねに 360° 以下である．

このたとえを，正多面体の頂点の場合に戻してみると，(*) から

$$\frac{2(p-2)}{p} \times 90^\circ \times q < 360^\circ$$

が成り立つことがわかる．この式を整理すると

$$\frac{1}{p} + \frac{1}{q} > \frac{1}{2} \qquad (**)$$

となる．$p, q \geqq 3$ だから

$$\frac{1}{p} > \frac{1}{2} - \frac{1}{q} \geqq \frac{1}{2} - \frac{1}{3} = \frac{1}{6}$$

となり，これから $p = 3, 4, 5$ のことがわかる．(**) から，$p = 3$ ならば $q = 3, 4, 5$；$p = 4$ ならば $q = 3$；$p = 5$ ならば $q = 3$ となることがわかる．いま示したことは，正多面体として可能な場合はこれだけだということであるが，実際この可能性は順に正 4 面体，正 8 面体，正 20 面体，正 6 面体，正 12 面体によって実現されている．

第 8 講

部分群による類別

テーマ

- ◆ 部分群による同値関係
- ◆ 同値類による類別
- ◆ 部分群による類別
- ◆ 有限群とその部分群の位数——ラグランジュの定理
- ◆ 正 6 面体群とその部分群
- ◆ 一般の正多面体群における 1 つの関係
- ◆ (Tea Time) 左剰余類と右剰余類

部分群による同値関係

まず一般的な話からはじめよう．群 G と，G の部分群 H が与えられているとしよう．このとき，G の元 a, b に対し

$$a^{-1}b \in H \text{ のとき，} a \sim b \qquad (1)$$

とおくことにより，G に同値関係$\sim$を導入する．同値関係とかいたのは，

$$\begin{aligned} &\text{(i)} \quad a \sim a \\ &\text{(ii)} \quad a \sim b \Longrightarrow b \sim a \\ &\text{(iii)} \quad a \sim b,\ b \sim c \Longrightarrow a \sim c \end{aligned}$$

が成り立つからである．

【証明】 (i) H は群だから，単位元 e を含んでいる．したがって $a^{-1}a = e$ により，$a \sim a$.

(ii) $a \sim b$ により，$a^{-1}b \in H$．H は群だから，$a^{-1}b$ の逆元も含んでいる．したがって

$$(a^{-1}b)^{-1} = b^{-1}(a^{-1})^{-1} = b^{-1}a \in H$$

このことは $b \sim a$ を示している.

(iii)　$a \sim b$, $b \sim c$ から，$a^{-1}b \in H$, $b^{-1}c \in H$ という関係が成り立っている. H は群だから，$a^{-1}b$, $b^{-1}c$ の積もまた H に含まれている．したがって

$$(a^{-1}b)(b^{-1}c) = a^{-1}(bb^{-1})c = a^{-1}c \in H$$

このことは $a \sim c$ を示している. ∎

なお，$a \sim b$ は，$a^{-1}b \in H$ のことだから，$a \sim b$ ならば，H のある元 h が存在して，$a^{-1}b = h$ が成り立つ．あるいは，両辺に a をかけて，$b = ah$ といってもよい．逆に，H の適当な元 h をとって，$b = ah$ という関係が成り立つならば，$a \sim b$ である．すなわち

$$a \sim b \Longleftrightarrow H \text{ の適当な元 } h \text{ が存在して } b = ah \qquad (2)$$

同値類による類別

一般に，集合に同値関係が与えられると，同値なものをひとまとめにして考えることができる．これを同値類という．同値類は，最初に与えられた集合の部分集合となっている．2 つの同値類は完全に一致しているか，あるいは完全に異なっている——すなわち両方の同値類に，同時に含まれる元は存在しない——かのいずれかである．最初に与えられている集合は，異なる同値類によって分割される.

こうしたことを堅苦しくいっても，頭に入らないかもしれない．簡単な例で，事情を了解しておいた方がよい．世界中の人全体 (ただし無国籍者および二重国籍者は除く) の集合を考える．ここに同値関係として a という人と b という人が同値であるのは，a と b が同じ国の人であるときであるとして，同値関係を導入する．このとき，同値類とは，1 つの国の国民全体からなる人の集まりである．異なる 2 つの同値類 (2 つの国) に同時に属している人はいない．各国の国旗を用意しておいて，‘国旗のところに集まれ’ と号令をかけると，世界中の人は，国の数だけの集団 (同値類) に完全にわけられる．一般的ないい方では同値類によって分割されたのである.

集合をこのように，同値類にわけることを，同値類による類別という.

部分群による類別

群 G の部分群 H が与えられると，(1) によって G の中に同値関係が入るから，これによって G の元を類別することができる．G の元 a が与えられると，(2) によって，a と同値な元は ah $(h \in H)$ と表わされている．したがって，G の部分集合 aH を

$$aH = \{ah \mid h \in H\}$$

と定義すると，aH は a を含む同値類を与えていることになる．

単位元 e を含む同値類は，$eH = H$ によって，ちょうど部分群 H そのものである．a と b が同値でなければ，aH と bH は異なる同値類となり，したがって $aH \cap bH = \phi$ である．

このことを直接示すには次のようにする．もし $aH \cap bH \neq \phi$ とすると，aH と bH に共通に含まれる元 c がある．c は $c = ah = bh_1$ $(h, h_1 \in H)$ と表わされ，したがって $b = a(hh_1{}^{-1})$ となる．$hh_1{}^{-1} \in H$ に注意すると，この式は a と b が同値であることを示しており，これは aH と bH が異なる同値類であったことに矛盾している．

相異なる同値類全体によって，G は共通点のない部分集合の和として

$$G = \bigcup aH \tag{3}$$

と表わされる——類別される．この右辺の和の中には，単位元 e を含む同値類として，H 自身が現われていることを注意しておこう．

記法について

(3) の表わし方は，現代数学の立場では，ごく自然なものであるが，群論では，(3) の代りに

$$G = H + aH + \cdots \tag{4}$$

とかくのが慣例である．(3) のことを (4) とかいているのだから，ここに現われているプラス記号は，共通点のない和集合となっていることを示しているだけであって，ある特別な代数的な演算を示しているわけではない．G が無限群のときは，H のとり方によって，(3) は無限個の同値類による和集合を表わしていることもあるが，対応して，このときは (4) の表わし方で $+\cdots$ とかいてあるところ

には，無限個の同値類が現われていることになる．

なぜ，(3) のようにかけばよいものを，(4) のようにかいて，記法を混乱させたかについては，私は詳しいことは知らない．私の想像では，集合の和の演算記号 $\bigcup$ が，数学者の間に定着する前に，群の理論が進んで，使いなれているプラス記号+を，同値類の (集合としての) 和に，流用してしまったのではないかと思う．その記法が，群論の中ですっかり定着してしまい，いまさら和集合の記号に改めることもないだろうと数学者が了承してしまったことによるのだろう．

また同じような伝統的ないい方で，aH を a を含む H の左剰余類という．読者は同値類なのに，どうして‘余り’(剰余) などという言葉を使ったのかと思われるかもしれないが，これについてはあとで触れることにする (第 10 講参照).

有限群とその部分群の位数

この部分群による類別という考えから，G が有限群の場合，G の位数と，G の部分群 H の位数との間に，はっきりとした関係があることが示される．

【定理】　H の位数は G の位数の約数である．

この定理をラグランジュの定理として引用することも多い．

【証明】　G の H による類別を

$$G = H + a_2H + a_3H + \cdots + a_sH \tag{5}$$

と表わす (G は有限群だから，異なる同値類も有限個である！)．ここで，各同値類 a_iH に含まれる元の個数は H の元の個数に等しいことを注意しよう．実際，H の 2 元 h, h' に対して

$$h = h' \Longleftrightarrow a_ih = a_ih'$$

が成り立っており ($\Leftarrow$ をみるには，右辺の式の両辺に ${a_i}^{-1}$ をかけるとよい)，し

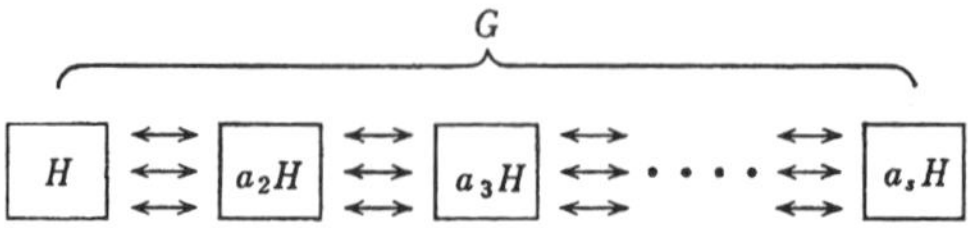

図 20

たがって，対応 $h \to a_i h$ は，H から $a_i H$ への 1 対 1 対応となっている．したがってまた H の元の個数 (位数) と，$a_i H$ の元の個数は一致している (図 20).

(5) をみると，このことは

$$(G \text{ の位数 }) = (H \text{ の位数 }) \times s$$

を意味していることがわかる．これで証明された． ∎

一般に有限群の場合，群 G の位数を，$|G|$ と表わしている．この記号を用いると定理は

$\lvert H\rvert$ は $\lvert G\rvert$ の約数である

とかくこともできる．

正 6 面体群と部分群

正 6 面体には 8 つの頂点 $\mathrm{A}_1, \mathrm{A}_2, \ldots, \mathrm{A}_8$ がある．正 6 面体群 $P(6)$ に属する回転の中で，頂点 A_1 を動かさないものを考えよう．すなわち，$g \in P(6)$ で，$g(\mathrm{A}_1) = \mathrm{A}_1$ となるものを考えよう．このような g は，A_1 を通る対角線を軸とする回転によって与えられている．

$$H = \{g \mid g(\mathrm{A}_1) = \mathrm{A}_1\}$$

とおくと，H は $P(6)$ の部分群になっている．実際に，$g, g_1 \in H$ ならば $(gg_1)(\mathrm{A}_1) = g(g_1(\mathrm{A}_1)) = g(\mathrm{A}_1) = \mathrm{A}_1$ となって，$gg_1 \in H$ である．また $g^{-1}(\mathrm{A}_1) = \mathrm{A}_1$ も明らかである．

H は位数 3 の群であることはすぐにわかるが，一般的な立場でいえば次のようになる．A_1 を通る辺は 3 本あるが，正 6 面体の対称性から，H に属する回転は，この 3 本の辺をまわす回転からなっている．したがって H の位数は 3 である (図 21).

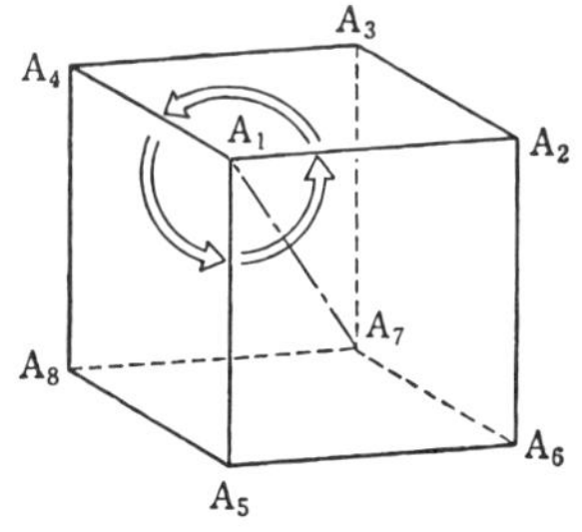

図 21

さて，$P(6)$ の元 a と b が，H に関して同じ類に入ることは，$a^{-1}b \in H$ のとき，すなわち

$$a^{-1}b(\mathrm{A}_1) = \mathrm{A}_1$$

のときである．この関係は $a(\mathrm{A}_1) = b(\mathrm{A}_1)$ ともかけ

る．したがって

$$a \sim b \Longleftrightarrow a(\mathrm{A}_1) = b(\mathrm{A}_1)$$

となる．このことは，同値類と，同値類に属する回転によって，頂点 A_1 がどの頂点へ移るかが，1 対 1 に対応していることを示している．

$P(6)$ に属する回転で，A_1 をほかの頂点 $\mathrm{A}_2, \mathrm{A}_3, \ldots, \mathrm{A}_8$ に移すものを，それぞれ 1 つとって，それを $g_2, g_3, \ldots, g_8$ とする (このような回転が存在することは，正 6 面体の対称性からわかる)．そうすると，いま述べたことから，$P(6)$ の H による類別は

$$P(6) = H + g_2H + g_3H + \cdots + g_8H$$

と表わされることがわかる．

すなわち，$P(6)$ の H による類別と，正 6 面体の頂点とが，ちょうど 1 対 1 に対応しているのである．

一般の正多面体群

いま述べたことは，正 6 面体群だけでなく，ほかの正多面体群についても成り立つことである．正 p 多面体 ($p = 4, 6, 8, 12, 20$) の 1 つの頂点を動かさない回転全体は，正多面体群 $P(p)$ の部分群 $H(p)$ をつくり，この部分群による $P(p)$ の類別は，頂点と 1 対 1 に対応するのである．したがって特に

$$|H(p)| \times (\text{頂点の数}) = |P(p)|$$

という関係が成り立つ．

前と同じ推論で，

$$|H(p)| = (1\,\text{つの頂点に集まる辺の数})$$

となることがわかるから，この関係は

$$(1\,\text{つの頂点に集まる辺の数}) \times (\text{頂点の数}) = |P(p)|$$

とかいてもよいわけである．

実際，この関係が成り立っていることを，次頁の表 2 で確かめておこう．正多面体の辺と頂点に関するこの相互関係は，もともとは正多面体のもつ強い対称性から生じている．群論を用いたこの関係の説明は，私たちに改めて群と対称性の

深いつながりを感じさせるものがある.

表 2

正多面体	1つの頂点に集まる辺の数	頂点の数	正多面体群の位数
正 4 面体	3	4	12
正 6 面体	3	8	24
正 8 面体	4	6	24
正 12 面体	3	20	60
正 20 面体	5	12	60

Tea Time

左剰余類と右剰余類

群 G の部分群 H が与えられたとき, H の左剰余類とは, G の同値関係を $a^{-1}b \in H$ のとき, $a \sim b$ として導入して得られる同値類のことであった. a を含む同値類を aH と表わした. 同じように考えて, 今度は $ba^{-1} \in H$ のとき, $a \approx b$ と定義することにより, G の中にもう1つの同値関係を導入することができる. この同値関係による同値類を H の右剰余類といい, a を含む右剰余類を Ha と表わす. そうすると, この右剰余類によっても, G は

$$G = H + Ha + \cdots$$

と分割されるわけである.

なお, $a^{-1}b \in H$ ならば, この左辺の逆元もまた H に含まれる. したがって $(a^{-1}b)^{-1} = b^{-1}a \in H$ となる. この式は $a \sim b \Rightarrow a^{-1} \approx b^{-1}$ を示している. もちろんこの逆の関係 $a^{-1} \approx b^{-1} \Rightarrow a \sim b$ も成り立っている.

このことから, G が有限群の場合, H の右剰余類と左剰余類の1つの関係:

$$G = H + a_2H + a_3H + \cdots + a_sH$$

ならば,

$$G = H + Ha_2{}^{-1} + Ha_3{}^{-1} + \cdots + Ha_s{}^{-1}$$

が成り立つことがわかる. 特に H の右剰余類の個数と左剰余類の個数が一致することがわかる. 上のように表わしたときのこの個数 s を G の H による指数といって, $|G:H|$ で表わすのが慣例である:

$$|G:H| = s$$

質問　幾何学的な正多面体の頂点が，群の概念によって捉えてみると正多面体群の左剰余類に対応するものとして浮かび上がってきたのには驚きました．表 2 で示された対応も謎がとかれたようで興味がありました．前項の Tea Time で球面のことが述べられていましたが，球面でもやはり似たようなことはあるのでしょうか．僕がお聞きしたいのは，球面上の点も，群の剰余類のように考えられるのか，ということです．

答　球面の向きを保つ回転のつくる群は，$SO(3)$ で与えられていた．いま北極を考えてみると，北極をとめるような球面の回転は，北極と球の中心を結ぶ軸のまわりで，ぐるぐると球面をまわす回転となっている．この回転全体は $SO(3)$ の部分群をつくっている．地球儀を北極の真上から見ていることを想像してみると，この H という群は，平面で原点中心の回転

$$\begin{pmatrix} \cos\theta & -\sin\theta \\ \sin\theta & \cos\theta \end{pmatrix}$$

のつくる群と同じもの (同型！) と考えてよいことがわかる．北極が，$SO(3)$ の回転で，球面上のどの点に移るかを調べることは，ちょうど $SO(3)$ の H による類別を考えることに対応している．球面上の点は，剰余類 gH として表わされる．この状況は正多面体群のときと，まったく同様である．だから，君の質問に答えるいい方をするならば，具体的な球面が，回転群 $SO(3)$ の H による剰余類の集まりとして浮かび上がってくるのである．

第 9 講

巡　回　群

テーマ

- ◆ $\frac{2\pi}{n}$ の回転から得られる群
- ◆ 有限巡回群，生成元
- ◆ 有限群の中の巡回部分群
- ◆ 群の位数と元の位数
- ◆ 位数が素数の群
- ◆ 位数 4 の群
- ◆ (Tea Time) 無限巡回群

$\frac{2\pi}{n}$ の回転

n を自然数とし，円を，その中心のまわりに $\frac{2\pi}{n}$ だけ回転する変換を g とする．g^k は，g を k 回繰り返して得られる回転であって，したがって中心のまわりの $\frac{2\pi k}{n}$ だけの回転となっている．恒等変換を e とすると

$$g^n = e$$

である．いま

$$R_n = \{e, g, g^2, \ldots, g^k, \ldots, g^{n-1}\}$$

とおくと，第 3 講 (IV) で $\frac{2\pi}{12}$ の回転を考えたのと同様にして，R_n は群となることがわかる．$k+l \leqq n-1$ のときは，$g^k g^l = g^{k+l}$ であり，$k+l > n-1$ のときは，$k+l = n+m$ と表わしておくと

$$g^k g^l = g^{k+l} = g^{n+m} = g^n g^m = g^m$$

となる．ただし $g^0 = e$ とおいてある．また

$$g^k g^{n-k} = g^n = e$$

により

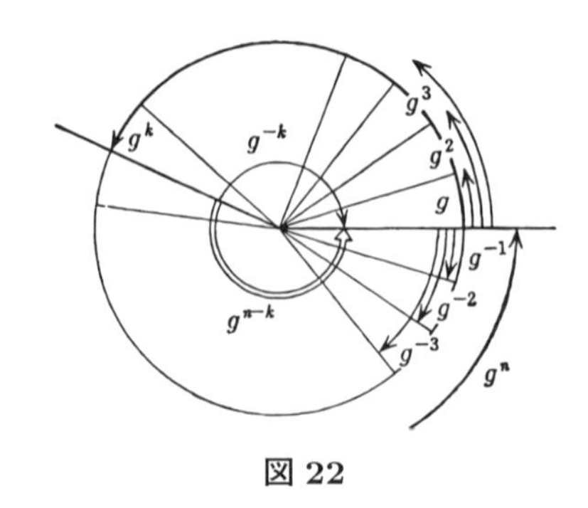

図 22

$$g^{-k} = g^{n-k}$$

となることもわかる．もっともこれは図 22 のような表わし方をしてみても明らかなことである．

R_n は，位数 n の可換群である．

有限巡回群

回転というような具体的なイメージをひとまず捨てて，R_n のもつ群の性質だけを抽象することにより，次の定義が得られる．

【定義】 R_n に同型な群を，位数 n の有限巡回群という．

いま G を位数 n の有限巡回群とすると，G の中には，R_n の中にある $\dfrac{2\pi}{n}$ の回転 g に対応する元 a が存在する．このとき同型性から，G は

$$G = \{e, a, a^2, \ldots, a^k, \ldots, a^{n-1}\}$$

と表わされる．このとき

$$a^k a^l = \begin{cases} a^{k+l}, & k+l \leqq n-1 \\ a^m, & k+l > n-1, \quad k+l = n+m \end{cases}$$

$$a^0 = a^n = e, \quad a^{-k} = a^{n-k}$$

である．a を G の生成元という．

有限巡回群は，可換群だから，非可換群はけっして巡回群にはなりえない．たとえば，$n \geqq 3$ のとき，対称群 S_n は巡回群ではない．なお，この講では有限群しか取り扱わないから，巡回群というときには，いつでも有限巡回群を指すことにしよう．

有限群の中の巡回部分群

G を一般の有限群とし，G の位数を n とする．したがって G の中の異なる元の数はちょうど n だけある．G の任意の元 a をとって，繰り返し積をとっていくと

$$a, a^2, a^3, \ldots, a^s, \ldots \tag{1}$$

という系列が得られる．これらはすべて G の元だから，これらの中で異なるものは高々 n 個しかない．したがって $s \leqq n+1$ をみたす s で，a^s は，すでに前に現われているある a^t に一致しているようなものが存在する：

$$a^s = a^t, \quad 1 \leqq t < s \leqq n+1$$

したがって，両辺に a^t の逆元 a^{-t} をかけることにより

$$a^{s-t} = e$$

が得られた．ここで $1 \leqq s-t \leqq n$ であることに注意しよう．この式は，系列 (1) を左から見ていくと，a^n までの間に，必ず 1 つは単位元となるものが存在することを示している．

そこで，このような元の中で一番最初に現われるもの，すなわち

$$a^k = e \tag{2}$$

をみたす最小の自然数 k をとる．いま述べたことから，$k \leqq n$ である．

いま

$$H = \{e, a, a^2, \ldots, a^{k-1}\}$$

とおくと，右辺に現われている元はすべて相異なっており，また (2) から，H は，巡回群となっていることも明らかであろう．H は位数 k の巡回群である．

【定義】 H を a から生成された G の巡回部分群といい，k を a の位数という．

したがって，G の各元には，位数という自然数が対応することになる．位数 1 の元は単位元に限る．また巡回群の定義から

G が位数 n の巡回群 $\Longleftrightarrow$ 位数 n の元が存在する

ことも明らかだろう．実際この位数 n の元は，G の生成元によって与えられている．

【例】 3 次の対称群 S_3 の元を考える．

$$a = \begin{pmatrix} 1 & 2 & 3 \\ 2 & 3 & 1 \end{pmatrix}, \quad b = \begin{pmatrix} 1 & 2 & 3 \\ 2 & 1 & 3 \end{pmatrix} = (1\ 2)$$

に対して

$$a^2 = \begin{pmatrix} 1 & 2 & 3 \\ 3 & 1 & 2 \end{pmatrix}, \quad a^3 = \begin{pmatrix} 1 & 2 & 3 \\ 1 & 2 & 3 \end{pmatrix} = e$$

$$b^2 = \begin{pmatrix} 1 & 2 & 3 \\ 1 & 2 & 3 \end{pmatrix} = e$$

となる．したがって a は位数 3 であり，b は位数 2 である．S_3 は非可換で，したがって巡回群ではないから，位数 6 の元は存在しない．

群の位数と元の位数

有限群の群の位数と，元の位数については次の簡明な結果が成り立つ．

> 群 G の元 a の位数は，$|G|$ の約数である．

【証明】 a から生成された巡回部分群を H とする．H の位数 $|H|$ は a の位数と一致している．一方，前講の定理から，$|H|$ は $|G|$ の約数である．したがって a の位数は $|G|$ の約数となる． ∎

たとえば S_3 の元は，単位元は位数 1，互換は位数 2，それ以外の元はすべて位数 3 からなる．

この結果によれば，a の位数を k とすると，$|G| = ks$ (s は自然数) と表わされる．したがって

$$a^{|G|} = a^{ks} = (a^k)^s = e^s = e$$

すなわち

> 群 G の任意の元 a に対し，$a^{|G|} = e$

が成り立つ．

位数が素数の群

1より大きい自然数 p が，1と自分自身以外に約数をもたないとき，p を素数という．100より小さい素数は

$$2, 3, 5, 7, 11, 13, 17, 19, 23, 29, 31, 37, 41,$$
$$43, 47, 53, 59, 61, 67, 71, 73, 79, 83, 89, 97$$

の25個である．

【定理】 群 G の位数は素数 p であるとする．

(i) G は巡回群である．

(ii) 単位元以外の元は，すべて位数 p をもつ．

【証明】 (i), (ii) を合わせて証明する．単位元と異なる G の元 a を任意にとると，a の位数は1より大で，かつ p の約数である．p は素数だから a の位数は p でなくてはならない．したがって G は，a によって生成される巡回群である． ∎

位数4の群

位数1の群は，単位元だけからなる群である．

位数2, 3の群は，2, 3が素数だから巡回群である．

位数4の群としては，まず巡回群がある．この群は具体的には，平面の $\frac{\pi}{2}$ の回転のつくる群 R_4 として実現されている．

巡回群でないような位数4の群があるかどうかを調べてみよう．いま，そのような群 G があったとしよう．このとき，G の単位元以外の元は，すべて位数2となる．したがって G の任意の元 x に対して

$$x^2 = e, \quad \text{すなわち}\ x = x^{-1}$$

が成り立つ (x が単位元のときは明らかであり，そうでないときは，x の位数が2だから)．したがって，G の2つの元 x, y の積 xy に対して，このことを適用すると

$$xy = (xy)^{-1} = y^{-1}x^{-1} = yx$$

したがって G は可換群である．$G=\{e,a,b,c\}$ とすると，ab は e,a,b と異なる元でなくてはならない．なぜなら，たとえば $ab=e$ ならば $b=a^{-1}=a$ となってしまうし，$ab=a$ ならば $b=e$ となってしまう．したがって $ab=c$ が成り立たなくてはならない．

結局，巡回群でない位数4の群 G は，単位元以外の元がすべて位数2の可換群であって

$$ab=c,\quad bc=a,\quad ca=b$$

をみたすものである．

この群を，クラインの4元群という．

Tea Time

無限巡回群

位数 n の有限巡回群とは，本質的には $\frac{2\pi}{n}$ の回転のつくる群と考えてよいものである．それでは，ある群 G の元 a をとったとき，どんな自然数 n をとっても a^n はもとに戻らないで，$a^n \neq a\ (n=2,3,4,\ldots)$ となるときは，一体どうなるのだろうか．このときは

$$\{\ldots,a^{-n},\ldots,a^{-2},a^{-1},e,a,a^2,\ldots,a^n,\ldots\}$$

はすべて異なる元からなり，

$$a^m a^n = a^{m+n}\quad (m,n=0,\pm1,\pm2,\ldots)$$

となる．このとき a は，(G の中で) 無限巡回群を生成するという．無限巡回群は，可換な無限群であるが，対応

$$a^n \longleftrightarrow n$$

によって，整数のつくる加群 $\boldsymbol{Z}$ と同型になっている．その意味で，無限巡回群の群としてのタイプはただ1つである．

質問　クラインの4元群というものを，もう少し簡単に説明していただくことは

できませんか.

答　$\boldsymbol{Z}_2$ によって 0 と 1 だけからなる加群を表わすことにしよう．ここで演算規則は

$$0+0=0,\quad 0+1=1,\quad 1+1=0$$

である．$\boldsymbol{Z}_2$ は，左右対称の対称変換を与える群と考えてもよい (第 3 講参照).

そこで，$\boldsymbol{Z}_2$ を 1 つの‘座標軸’とする群

$$\boldsymbol{Z}_2 \times \boldsymbol{Z}_2 = \{(a_1, a_2) \mid a_1, a_2 \in \boldsymbol{Z}_2\}$$

を考える．ここで演算規則は，それぞれの座標成分に関する演算で与えられている：

$$(a_1, a_2) + (a_1{}', a_2{}') = (a_1 + a_1{}', a_2 + a_2{}')$$

この群を, $\boldsymbol{Z}_2$ の直積という (第 15 講参照)．このとき, クラインの 4 元群は $\boldsymbol{Z}_2 \times \boldsymbol{Z}_2$ と同型である．講義の中で述べた a, b, c に対して，$(1,0), (0,1), (1,1)$ を対応させるとよい.

直交座標の導入された平面上で，x 軸に関する対称変換に (1, 0) を対応させ，y 軸に関する対称変換に (0, 1) を対応させると，$\boldsymbol{Z}_2 \times \boldsymbol{Z}_2$ は，x 軸，y 軸それぞれに関する平面の対称変換から生成された群と同型であることがわかる.

第 10 講

整 数 と 群

テーマ
- ◆ 整数，整数のつくる加群 $\boldsymbol{Z}$
- ◆ n を法として合同
- ◆ n についての剰余類
- ◆ 剰余類のつくる加群 $\boldsymbol{Z}_n$
- ◆ $\boldsymbol{Z}_n$ と平面の回転
- ◆ 互いに素な数，ユークリッドの互除法

整　　数

整数の集まり

$$\{\ldots, -n, \ldots, -2, -1, 0, 1, 2, \ldots, n, \ldots\}$$

は，数学の中でも最も基本的な対象である．

整数は，加法に関して加群 $\boldsymbol{Z}$ をつくっている．$\boldsymbol{Z}$ の単位元は 0 であり，n の逆元は $-n$ である．一方，整数の中には，加法だけではなくてかけ算 (乗法) も定義されている．しかしこのかけ算に関しては群をつくっていない．なぜなら，正の整数 n の場合，n が 1 でなければ，n の逆数――かけ算に関する n の逆元――は整数でないからである．

この加法と乗法という 2 つの演算が，整数という無限集合の中に，複雑な綾をなして織り込まれ，予想もできないような深い世界を展開する．この世界への関心が，整数論の発祥でもあり，またいまでも整数論の最も基本的な主題を形づくっている．

剰 余 類

n を 1 より大きい整数とする．このとき任意の整数 a を，ただ 1 通りに

$$a = kn + q, \quad q = 0, 1, 2, \ldots, n-1 \tag{1}$$

と表わすことができる (たとえば $n = 3$, $a = -13$ のときは $-13 = (-5) \times 3 + 2$ と表わされる). $q = 0$ のときは, a が n の倍数のときである. q は a を n で割った余りであるが, これからは少し改まったいい方をして q を剰余ということにする.

そこで (1) の剰余 q に注目して

$$a \equiv q \pmod{n}$$

で表わす. $a - q = kn$ で, $a - q$ は n の倍数である.

より一般に次の定義をおく.

【定義】 $a - a'$ が n の倍数のとき

$$a \equiv a' \pmod{n}$$

と表わし, a と a' はnを法として合同であるという.

mod は英語 modulus の略である. もっともこの modulus という単語はもともとラテン語であって small measure の意味であったと, 辞書にはかいてある.

次の性質が成り立つ.

(i) $a \equiv a \pmod{n}$

(ii) $a \equiv b \pmod{n} \Longrightarrow b \equiv a \pmod{n}$

(iii) $a \equiv b \pmod{n}$, $b \equiv c \pmod{n} \Longrightarrow a \equiv c \pmod{n}$

【証明】 (i) は明らかである. (ii) は $a - b$ が n の倍数ならば, $b - a = -(a - b)$ もまた n の倍数となることからわかる. (iii) は

$$a - c = (a - b) + (b - c)$$

とかき直してみると, $a - b$, $b - c$ が n の倍数ならば, $a - c$ もまた n の倍数となることからわかる. ■

この (i), (ii), (iii) という性質は, n を法として合同であるという関係が整数の中に同値関係を与えていることを示している (第 8 講参照). この同値関係による類別によって得られる同値類を, nについての剰余類という.

2 つの a, a' を, $a = kn + q$, $a' = k'n + q'$ と表わしたとき,

$$a - a' = (k - k')n + (q - q') \text{ が } n \text{ の倍数} \iff q = q'$$

したがって, 2 つの整数が, n に関する同じ剰余類に属する条件は, n についての'剰余'が等しいことである.

たとえば7に関する剰余類は，全体で7個あって，それらは，‘剰余’ $0, 1, 2, \ldots, 6$ で代表されている：

$$0\text{を含む剰余類}：\{\ldots, -14, -7, 0, 7, 14, 21, \ldots\}$$
$$1\text{を含む剰余類}：\{\ldots, -13, -6, 1, 8, 15, 22, \ldots\}$$
$$2\text{を含む剰余類}：\{\ldots, -12, -5, 2, 9, 16, 23, \ldots\}$$
$$\cdots\cdots\cdots$$
$$6\text{を含む剰余類}：\{\ldots, -8, -1, 6, 13, 20, 27, \ldots\}$$

一般に n に関する剰余類は，$0, 1, 2, \ldots, n-1$ で代表されている．

なお，第8講の観点に合わせたいい方をするならば，n に関する剰余類は，次のように述べることもできる．

加群 $\boldsymbol{Z}$ の中で，n の倍数からなる部分群を H とする：

$$H = \{kn \mid k = 0, \pm 1, \pm 2, \ldots\}$$

このとき，$\boldsymbol{Z}$ の部分群 H による類別から得られる剰余類 ($\boldsymbol{Z}$ は可換だから，右，左の区別はない) を，n に関する剰余類という．

これは私の推測だが，この事実が，一般の群に対しても部分群による類別を，日本語で剰余類とよばせることになったのではないかと思う．英語では coset と簡明である．右剰余類，左剰余類は right cosec, left coset である．

剰余類のつくる加群 $\boldsymbol{Z}_n$

n を1より大きい自然数とする．このとき n に関する剰余類に対して

$$\boxed{a \equiv a' \pmod{n}, \quad b \equiv b' \pmod{n} \Longrightarrow a + b \equiv a' + b' \pmod{n}}$$

が成り立つ．

【証明】　$a - a' = kn$, $b - b' = k'n$ ならば

$$(a+b) - (a'+b') = (a-a') + (b-b')$$
$$= (k+k')n$$

となり，$a + b = a' + b' \pmod{n}$ が成り立つ．　■

このことは，a を含む剰余類，b を含む剰余類から勝手に数をとって加えても，結果は $a+b$ を含む剰余類に属していることを示している．このようにして，‘2

つの剰余類を加える' ということに，はっきりとした意味がつけられるようになったのである．

すなわち，a を含む剰余類を $[a]$ と表わすとき，$[a]$ と $[b]$ の和を

$$[a]+[b]=[a+b]$$

によって定義する．この加法を群の演算として採用することにより，n に関する剰余類全体に加群の構造が入る．単位元は $[0]$ であり，$[a]$ の逆元は $[-a]$ で与えられる．

この群を $\boldsymbol{Z}_n$ で表わし，n についての剰余類群という．$\boldsymbol{Z}_n$ は位数が n の可換群である．

$\boldsymbol{Z}_n$ の元を，n についての '剰余' $0,1,2,\ldots,n-1$ によって代表することにすると，たとえば

$\boldsymbol{Z}_2$ は $\{0,\ 1\}$ からなり

$$0+0=0, \quad 0+1=1, \quad 1+1=0$$

である．

このように考えると，記号 $\boldsymbol{Z}_2$ は，前講の Tea Time で導入したものと整合していることがわかる．

また $\boldsymbol{Z}_3$ は $\{0,\ 1,\ 2\}$ からなり

$$0+0=0, \quad 0+1=1, \quad 0+2=2,$$
$$1+1=2, \quad 1+2=0, \quad 2+2=1$$

をみたす群と考えてよい (最後の $2+2=1$ は，$4\ (=2+2)$ を 3 で割ったとき余りが 1 であることを示している！)．

$\boldsymbol{Z}_n$ と平面の回転

$\boldsymbol{Z}_n$ に最初に出会われた読者は，まったく新しい群が登場してきたと感じられるかもしれない．確かに，$\boldsymbol{Z}_n$ を構成する過程は新しかったかもしれないが，でき上がってしまえば，$\boldsymbol{Z}_n$ は，実は円を中心のまわりに $\dfrac{2\pi}{n}$ だけ回転する変換が生成する有限巡回群と同型になっている．この後者の群は，第 2 講以来，私たちが何度も取り扱ってきた，よく知っている群である．

この同型をみるには，文章で説明するよりは，図でわかってもらった方がよい

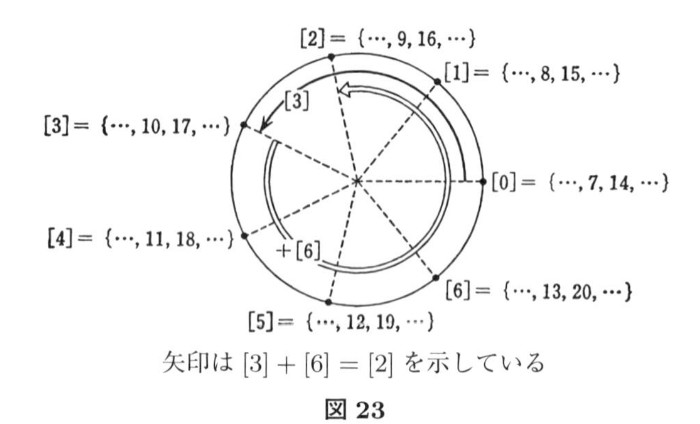

矢印は $[3] + [6] = [2]$ を示している

図 23

だろう．図 23 では，$\boldsymbol{Z}_7$ が $\frac{2\pi}{7}$ の回転のつくる群と同型となっていることを示している．しかし，整数というと，飛び石のように，一直線上に点々と並んでいるというイメージが強いと，図 23 は少しなじみにくいかもしれない．

互いに素な数

【定義】 2 つの正の整数 a, b が，共通な約数を 1 しかもたないとき，a と b は互いに素であるという．

なお，負の整数 a に対しては，a の符号を変えて得られる正の整数 $-a$ に対してこの定義を適用することにする．たとえば -12 と 5 は互いに素である．

次の結果は最も基本的なものであって，応用されることが多い．

> a と b が互いに素 $\Longleftrightarrow$ 適当な整数 x, y が存在して
> $$ax + by = 1$$
> が成り立つ．

【証明】 $\Leftarrow$：$ax + by = 1$ をみたす x, y が存在したとする．a と b に共通な約数 k が存在すれば，この式の左辺 $ax + by$ は k で割りきれる．したがって右辺も k で割りきれることになり，$k = 1$ が結論される．ゆえに a と b は互いに素である．

$\Rightarrow$：これは，有名なユークリッドの互除法を用いて証明されることである．この一般的な証明を行なうのはここではあまり適当でないように思えるので，2 つの互いに素な数をとって，$\alpha x + by = 1$ となる x と y を求めてみよう．

そのような例として $a = 65$, $b = 19$ をとる.

$$
\begin{aligned}
65 &= 3 \times 19 + 8 & a &= q_0 b + r_1 \\
19 &= 2 \times 8 + 3 & b &= q_1 r_1 + r_2 \\
8 &= 2 \times 3 + 2 & r_1 &= q_2 r_2 + r_3 \\
3 &= 1 \times 2 + 1 & r_2 &= q_3 r_3 + r_4 \\
2 &= 2 \times 1 & r_3 &= q_4 r_4, \quad r_4 = 1
\end{aligned}
$$

右側にかいてあるのは，左側の数字を文字におきかえたものである．a と b が互いに素のときには，必ずこのような計算をしていくと，ある段階で，余りが 1 となる (いまの場合，$r_4 = 1$)．もし $r_4 > 1$ ならば，この r_4 で下の方から順に割っていくと，a と b が r_4 で割りきれるということになってしまう！

今度は右の方を見るとわかりやすいのだが，右の式を，下の方から追っていくと

$$
\begin{aligned}
1 = r_4 = r_2 - q_3 r_3 &= r_2 - q_3 (r_1 - q_2 r_2) \\
&= (b - q_1 r_1) - q_3 \{r_1 - q_2 (b - q_1 r_1)\}
\end{aligned}
$$

この式にさらに $r_1 = a - q_0 b$ を代入すると，最後に

$$
1 = ax + by
$$

という式が得られる．明らかに x と y は整数である．

実際，左側の数に対してこの計算を行なってみると

$$
x = -7, \quad y = 24
$$

となることがわかる．すなわち

$$
65 \times (-7) + 19 \times 24 = 1
$$

が得られた ($65 \times (-7) = -455$, $19 \times 24 = 456$).

一般の場合の証明も，同様に行なわれる． ∎

Tea Time

質問　ユークリッドの互除法というのは，具体的な数値まで求める方法を示していることに驚きました．上の例でも，-7 と 24 という数がよく見つかったものだと感心しました．こんなすばらしい方法が，本当にユークリッドの頃に知られていたのですか．ユークリッドはいまから 2300 年くらい前のギリシャの数学者だと聞いていますが．

答　ユークリッドの『原論』第 7 巻に，この互除法のことがはっきりとかかれているのである．講義では，互いに素な整数 a, b に対してこの互除法を用いたが，一般に，正の整数 a, b に対してこの互除法を用いていくと，最後に a, b の最大公約数に到達するのである．2 つの整数が互いに素なときには最大公約数は 1 だから，講義では，4 回目に $r_4 = 1$ を得たのである．一般には適当な回数の互除法を繰り返した後，$r_n =$ 最大公約数，$r_{n+1} = 0$ となって，互除法が終るのである．

ユークリッドの『原論』では，数はすべて線分で表わされていたから，線分演算の形でこの互除法が述べられている．君がいうように，いまから 2300 年も前の時代，その頃の世界の文化のレベルを考えると，このギリシャ数学の達した高さは驚くべきものがある．

なお，この互除法の考えは，最大公約数を求める方法を与えるだけではなく，連分数という考えに直接つながるのである．このことについて詳しくここで述べることはできないのだが，65 と 19 に対して互除法を行なったとき，右辺第 1 項に割り算の答として

$$3,\ 2,\ 2,\ 1,\ 2$$

が現われていた．この数によって，$\frac{19}{65}$ は実は‘連分数’

$$\frac{19}{65} = \cfrac{1}{3 + \cfrac{1}{2 + \cfrac{1}{2 + \cfrac{1}{1 + \cfrac{1}{2}}}}}$$

として表わされているのである．

第 11 講

整数の剰余類のつくる乗法群

テーマ
- ◆ 剰余類のかけ算
- ◆ 剰余類の中に乗法によって群の構造が入るか？——否定的
- ◆ n と素な剰余類のつくる乗法群 $\boldsymbol{Z}_n{}^*$
- ◆ フェルマーの小定理
- ◆ オイラーの関数 $\varphi(n)$
- ◆ $|\boldsymbol{Z}_n{}^*| = \varphi(n)$
- ◆ (Tea Time) ウィルソンの定理：$(p-1)! \equiv -1 \pmod{p}$

剰余類のかけ算

n を 1 より大きい自然数とする．このとき次のことが成り立つ．

$$a \equiv a' \pmod{n}, \quad b \equiv b' \pmod{n}$$
$$\Longrightarrow ab \equiv a'b' \pmod{n}$$

【証明】 $a - a' = kn$, $b - b' = k'n$ とすると

$$\begin{aligned} ab - a'b' &= (a-a')b + a'(b-b') \\ &= (kb + a'k')n \end{aligned}$$

したがって $ab - a'b'$ も n の倍数となって，$ab \equiv a'b' \pmod{n}$ が成り立つ． ▮

このことは，前講で剰余類の加法について述べたのと同様に考えると，n に関する剰余類全体の集合に，かけ算が定義されることを示している．

前講のように，n を 1 つとめたとき，n に関する剰余類の中で，a を含むものを $[a]$ で表わすことにする．このとき

$$[a][b] = [b][a] \tag{1}$$

$$[a][0] = [0], \quad [a][1] = [a] \tag{2}$$

は明らかであろう．実際にこれらの関係は，$ab = ba$, $a0 = 0$, $a1 = a$ を剰余類

に移してかいているにすぎない.

【例 1】 mod 5 では

$$[2][3] = [1], \quad [2][4] = [3], \quad [3][4] = [2],$$
$$[4][4] = [1]$$

もちろん，たとえば最後の等式は $[4][4] = [16]$ とかいても $[4][4] = [-4]$ とかいても同じことである.

【例 2】 mod 6 では

$$[2][3] = [0], \quad [2][4] = [2], \quad [4][5] = [2],$$
$$[3][5] = [3]$$

などが成り立つ.

剰余類の中に乗法によって群の構造が入るか？

n に関する剰余類全体の集まりの中に，このかけ算によって群の構造が入るかどうかを考えてみよう.

しかし，どんな a をとっても，(2) によって $[a][0] = [0]$ だから，$[0]$ には逆元などけっして存在しない (もし $[0]^{-1}$ があれば，この式の両辺に $[0]^{-1}$ をかけて，$[a] = [1]$ がいつも成り立ってしまうことになる！).

したがって，問題は

(♮)　[0] 以外の剰余類全体の集まりは，かけ算に関して群をつくっているか？

となる.

この問題はいかにももっともらしい. (2) を見ると，もしかけ算で群をつくっているとすると，[1] が単位元となることも明らかである. しかし上の例 2 を眺めると，この問題も，実はそのままの形では成り立たないことがわかる. 実際，$n = 6$ のとき，[2] と [3] をかけると 0 になっている. またもし [4] に逆元があるとすると $[2][4] = [2]$, $[5][4] = [2]$ から，この両辺に右から $[4]^{-1}$ をかけると，$[2] = [5]$ になってしまう. これはおかしい.

(♮) の形では，問題は一般には成り立たないのである.

$\boldsymbol{n}$ と素な剰余類のつくる乗法群 $\boldsymbol{Z}_{\boldsymbol{n}}{}^*$

この問題設定の正しい解答を得る前に，まず次のことを注意する．

a が n と素ならば，$a+kn$ も n と素である．

$a+kn$ と n が共通の約数 $q>1$ をもてば，

$$a+kn=ql, \quad n=ql'$$

と表わされ，したがって $a=ql-kn=q(l-kl')$ も約数 q をもち，a と n は素でなくなってしまう．

すなわち，a と n が互いに素ならば，a の剰余類に含まれるすべての整数がまた n と素となっている．したがってこのことから，剰余類へと移って，$[a]$ を n と素な剰余類といういい方をしても差しつかえないことがわかる．

n と素な剰余類を，n の既約剰余類というのがふつうだが，ここではこの用語を改めて用いないことにしよう．

そのとき，(ロ) の問題は，多少訂正した次の形で成り立つ．

【定理】 n に素な剰余類全体 $\boldsymbol{Z}_n{}^*$ は，乗法によって群をつくる．

【証明】 a,b を n と素な数とすると，ab もまた n と素になる．実際，前講の結果から

$$ax+ny=1, \quad bx'+ny'=1$$

をみたす整数 $x,y;\ x',y'$ が存在する．この両式を辺々かけて整頓すると

$$abx''+ny''=1$$

という式が得られる $(x''=xx',\ y''=axy'+bx'y+nyy')$．$x'',y''$ は整数であり，この式から ab と n が素であることがわかる．

このことは

$$[a],[b]\in\boldsymbol{Z}_n{}^*\Longrightarrow[a][b]\in\boldsymbol{Z}_n{}^*$$

を示している．

$\boldsymbol{Z}_n{}^*$ の単位元は，もちろん $[1]$ で与えられる．

任意に $[a]\in\boldsymbol{Z}_n{}^*$ をとると，適当な整数 x,y で

$$ax+ny=1 \tag{3}$$

という関係が成り立つが，この式は a と x の役目をとりかえてみると，x が n と素であることも同時に示している．したがって $[x] \in \boldsymbol{Z}_n{}^*$ である．(3) は剰余類へ移ると

$$[a][x] = [1]$$

と表わすことができる．したがって $[a]$ は逆元 $[x]$ をもつ．

これで $\boldsymbol{Z}_n{}^*$ が，乗法によって群をつくることがわかった．　■

これから $\boldsymbol{Z}_n{}^*$ とかくときには，いつでもこの群を表わしていることにする．(1) からわかるように，$\boldsymbol{Z}_n{}^*$ は可換群である．

$\boldsymbol{Z}_n{}^*$ の位数 —— n が素数 p のとき

n が素数 p のとき，群 $\boldsymbol{Z}_p{}^*$ の位数はすぐに求められる．p より小さい正の整数で，p と互いに素な数は

$$1,\ 2,\ 3,\ \ldots,\ p-1$$

である．したがって

$$\boldsymbol{Z}_p{}^* = \{[1], [2], [3], \ldots, [p-1]\}$$

となり，$\boldsymbol{Z}_p{}^*$ は位数 $p-1$ の群である．

すなわち

$$|\boldsymbol{Z}_p{}^*| = p-1$$

第 9 講の‘群の位数と元の位数’の項で述べた結果を参照すると，このことから，$\boldsymbol{Z}_p{}^*$ の任意の元を $p-1$ 乗すると，単位元になることが結論できる．このことを，剰余類のかけ算の定義に戻っていいかえると，次の定理となる．

【定理】　a が p の倍数でないときには

$$a^{p-1} \equiv 1 \pmod p$$

が成り立つ．

これをフェルマーの小定理という．

この定理を単にこのようにかいただけでは，何の味気もないかもしれない．実

際，数値を入れて検証してみよう．

$p=11$ のとき，この定理によって $4^{10} \equiv 1 \pmod{11}$ が成り立つが，実際

$$4^{10}-1 = 1048576-1 = 1048575$$
$$= 11 \times 95325$$

$p=23$ のとき，$2^{22} \equiv 1 \pmod{23}$ が成り立つが，実際

$$2^{22}-1 = 4194304-1 = 4194303$$
$$= 23 \times 182361$$

このようにかくと，多少神秘的な気がしてくる．

$\boldsymbol{Z_n}^*$ の位数 —— n が素数 p のベキのとき

n が素数 p のベキで

$$n = p^k$$

と表わされているときには，$1 \leqq a \leqq n$ で，n と互いに素であるような数 a は，1 から p^k までの数で，p の倍数となるような数

$$p,\ 2p,\ 3p,\ \ldots,\ (p^{k-1}-1)p,\ p^k \tag{4}$$

を除いたものである．(4) の個数は p^{k-1} 個である．したがって $1 \leqq a \leqq n$ で，n と素となる数の個数は

$$p^k - p^{k-1}$$

で与えられる．

したがってまた $n=p^k$ のときの $\boldsymbol{Z}_n{}^*$ の位数は

$$p^k - p^{k-1} = p^k\left(1-\frac{1}{p}\right)$$

であることがわかる．すなわち

$$n = p^k \text{ のとき，} |\boldsymbol{Z}_n{}^*| = p^k\left(1-\frac{1}{p}\right)$$

$\boldsymbol{Z_n}^*$ の位数 —— 一般の場合

一般の場合には，n を相異なる素数のベキとして表わしておく：

$$n = {p_1}^{k_1}{p_2}^{k_2}\cdots{p_s}^{k_s}$$

このとき $\boldsymbol{Z}_n{}^*$ の位数は，$1 \leqq a \leqq n$ をみたす整数 a で，n と互いに素であるような数の個数と一致する．この個数をふつう $\varphi(n)$ で表わし，$\varphi(n)$ を n の関数と考えて，オイラーの関数という．

$\varphi(n)$ は次の形で表わされることが知られている．

$$\varphi(n) = p_1{}^{k_1} p_2{}^{k_2} \cdots p_s{}^{k_s} \left(1 - \frac{1}{p_1}\right)\left(1 - \frac{1}{p_2}\right) \cdots \left(1 - \frac{1}{p_s}\right) \quad (5)$$

すぐ上に述べた結果から

$$\varphi(p^k) = p^k \left(1 - \frac{1}{p}\right)$$

は知っている．したがって $\varphi(n)$ を表わす右辺の式は $\varphi(p_1{}^{k_1})\varphi(p_2{}^{k_2}) \cdots \varphi(p_s{}^{k_s})$ に等しいことがわかる．

(5) の証明は，初等整数論からの準備がいるので，ここでは省略する．考え方だけを，例で述べておこう．いま n として，$n = 504 = 2^3 \times 3^2 \times 7$ をとる．$a = 275 = 5^2 \times 11$ は 504 と互いに素である．275 の 2^3, 3^2, 7 に関する剰余類をとってみると

$$275 \equiv 3 \pmod{2^3}$$
$$275 \equiv 5 \pmod{3^2}$$
$$275 \equiv 2 \pmod{7}$$

となり，これらはそれぞれの剰余類の中で素な剰余類となっている．そこで対応

$$275 \longrightarrow (3, 5, 2)$$

が得られる．このような対応は，504 に関する素な剰余類に対してつねに定義される．この対応の行く先は，(3, 5, 2) のように，2^3, 3^2, 7 についての，それぞれの素な剰余類である．このような 3 つの素な剰余類の組の総数は

$$\varphi(2^3)\varphi(3^2)\varphi(7)$$

である．

一方，この対応は 1 対 1 であることが証明できて，結局

$$\varphi(504) = \varphi(2^3)\varphi(3^2)\varphi(7)$$

であることが示されるのである．

この項の結論をもう一度まとめていえば

$$|\boldsymbol{Z}_n{}^*| = \varphi(n)$$

となる．したがって，$n = p$ のとき述べたのと同様の推論で n と素であるような任意の整数 a に対して

$$a^{\varphi(n)} \equiv 1 \pmod{n}$$

が成り立つことがわかる.

Tea Time

$\boldsymbol{p}$ が素数のとき，$\boldsymbol{Z_p}^*$ は巡回群となる

p が素数のとき，$\boldsymbol{Z}_p{}^*$ の位数は $p-1$ であり，この位数を見ただけでは巡回群かどうかはわからない．しかし，ここで簡単に証明することはできないのだけれど，$\boldsymbol{Z}_p{}^*$ は巡回群になることが知られている (実際は，p を 2 より大きい素数とすると，$\boldsymbol{Z}_{p^k}{}^*$ も巡回群となる)．$\boldsymbol{Z}_p{}^*$ の巡回群としての生成元を，p を法としての原始根という．たとえば，7 を法としての 1 つの原始根は 3 で与えられている．確かめてみると

$$\begin{aligned} &3^1 \equiv 3, \quad 3^2 \equiv 2, \quad 3^3 \equiv 6, \\ &3^4 \equiv 4, \quad 3^5 \equiv 5, \quad 3^6 \equiv 1 \pmod{7} \end{aligned} \tag{$*$}$$

となって，実際，3 のベキを 1 から 6 までとると，7 と素なすべての剰余類が現われてくることがわかる．

この原始根の存在から，素数 p (>2) について，有名なウィルソンの定理が得られる．ウィルソンの定理とは

$$(p-1)! \equiv -1 \pmod{p}$$

が成り立つ，という不思議な定理である．p が少し大きくなれば，$(p-1)!$ は恐るべき大きな数となるから，実際数値で確かめられるのは，せいぜい p が 20 以下の素数のときくらいである．

ついでだから，この定理が一般にどのようにして証明されるか，その筋道を $p=7$ の場合に示してみよう．すなわち証明すべきことは

$$(7-1)! = 6! \equiv -1 \pmod{7}$$

である．上の $(*)$ の辺々をすべてかけ合わせると

$$3^{1+2+3+4+5+6} \equiv 6! \pmod{7}$$

となる．$3^6 \equiv 1 \pmod{7}$ に注意すると，$3^{1+5} \equiv 1$，$3^{2+4} \equiv 1 \pmod{7}$．したがって上式は

$$3^3 \equiv 6! \pmod{7}$$

となる．一方，$3^6 = (3^3)^2 \equiv 1$ により，$3^3 \equiv -1 \pmod 7$ がわかり，結局 $-1 \equiv 6! \pmod 7$ が得られた．

たとえば，$p = 11$ のとき，ウィルソンの定理は

$$10! + 1 \text{ が } 11 \text{ の倍数}$$

となることを保証している．実際

$$10! + 1 = 3628801 = 11 \times 329891$$

となっている．

第 12 講

群と変換

テーマ

- 変換という視点
- 群の働き——群 G が集合 M の上に働く.
- 群の，自分自身の上への左からの働き，右からの働き，両側からの働き
- 準同型
- 位数 n の有限群は，対称群 S_n の中に 1 対 1 の準同型写像で移される.
- ‘表現’という言葉

変換という視点に立って

群の概念の根底には，変換の考えがある．このことは，抽象群の理論がどれほど抽象的な構造と枠組を群に与えてみても，変わらぬことのように思われる．変換として働く場所は，正多面体のような具体的なものから，しだいに数学的な形式によって整えられた対象へと高められていく．それにしたがって，変換で不変であるような形は，正多面体にみられるシンメトリーから，もっと抽象的な対称性へと高められていくだろう．しかし，群の働きによって不変であるようなものの中に，1 つの数学的実在を感ずるという感じは，いつまでも保たれ続けていくようである.

これからしばらくは，変換という視点を中心におきながら，群の話を進めてみよう.

はじめに

正多面体群は，正多面体の頂点の変換を引き起こしているし，対角線相互の変換も引き起こしている．またたとえば正 20 面体群は，20 個の面の変換も引き起こしている．1 つの群でも，いろいろ異なった対象に変換群として働いて

いる．

また，対称群 S_n や交代群 A_n は，n 個のものの上に働いて，その変換——並びかえ——を引き起こしている．

2 次の正則行列 (逆行列をもつもの) の全体は，行列の積で群をつくるが，この群は座標平面上に働いて，点の変換を引き起こしている．もちろん，点の変換だけではなくて，平面上の三角形全体の上にも変換を引き起こしている．1 つの三角形△は，正則行列 A によって，別の三角形 $A\,(\triangle)$ へと移るのである．

2 次の正則行列の中で

$$A_\theta = \begin{pmatrix} \cos\theta & -\sin\theta \\ \sin\theta & \cos\theta \end{pmatrix}$$

と表わされる行列は，原点を中心とする角 θ の回転を与えている．A_θ の全体は，正則行列の中で部分群をつくっているが，この群では三角形は合同な三角形へと移っている．

群 の 働 き

このような群の変換としての働きを，抽象的な立場に立って総括的に述べるためには，群 G だけではなくて，G が働く対象を設定しておかなくてはならない．上にみたように，群が働く対象は，場合によって多種多様だから，群 G に関係するある性質を，この対象にあらかじめ付しておくようなことは，実際的でもないし，またできそうにないことである．

そこで次のような非常に一般的な定義をおくことになる．

【定義】　群 G が集合 M の上に働くとは，G の各元 g に対して，M から M への写像 (変換)

$$x \longrightarrow g(x) \quad (x \in M,\ g \in G)$$

が決まって，次の性質をみたしていることである．

(i)　$g_1(g_2(x)) = g_1g_2(x) \quad (x \in M,\ g \in G)$

(ii)　G の単位元 e に対して $e(x) = x \quad (x \in M)$

すなわち，G の各元 g は，M 上の変換として働いて，M の点 (イメージをはっきりさせるため，M の元を M の点ということにする) を，M の別の点に移す.

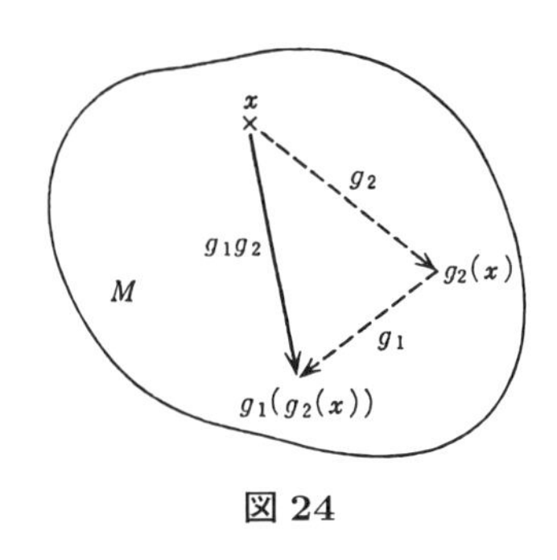

図 24

(i) でいっていることは, M の点 x を, まず g_2 によって $g_2(x)$ へと移し, 引き続いて g_1 によって $g_1(g_2(x))$ へと移すことは, 群 G の方で g_1 と g_2 の積をとって, $g_1 g_2$ によって, x を一度に $g_1 g_2(x)$ に移すことと同じことであるといっているのである (図 24). g_2 と g_1 の合成写像は $g_1 \circ g_2$ と表わすということを知っている人には, (i) は M 上の写像として

$$g_1 \circ g_2 = g_1 g_2$$

が成り立つと表わした方がわかりやすいかもしれない.

(ii) は, G の単位元 e は, M の恒等写像を引き起こしている, ということをいっている.

(i) と (ii) から, $gg^{-1} = g^{-1}g = e$ により

$$g(g^{-1}(x)) = g^{-1}(g(x)) = x \quad (x \in M)$$

が成り立つ. $g(g^{-1}(x)) = x$ は, (右辺の x が M の任意の点でよいから) g が M から M の上への写像であることを示しており, また $g^{-1}(g(x)) = x$ は, $x \neq x'$ ならば $g(x) \neq g(x')$ のこと, すなわち, g が M から M への1対1写像であることを示している.

このことは, 同時に, g^{-1} が g の逆写像を与えていることも示している (図 25).

なお, 記号の使い方として, g の働きを直接 $g(x)$ とかくのは, かえって紛らわしいときもある. そのときには, g に対応する変換を φ_g とかき, φ_g によって点 x の移される先を $\varphi_g(x)$ と表わす. たとえば, 整数全体のつくる加群 $\boldsymbol{Z}$ は, 実数全体のつくる集合 $\boldsymbol{R}$ に

$$\varphi_n(x) = n + x \quad (n \in \boldsymbol{Z},\ x \in \boldsymbol{R})$$

として働く. (i) に対応する式はこの場合

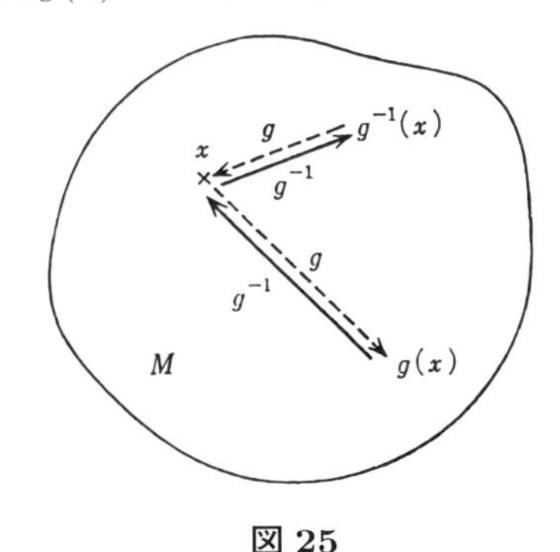

図 25

$$\varphi_m(\varphi_n(x)) = \varphi_m(n+x) = m+n+x$$
$$= \varphi_{m+n}(x)$$

となっている．

なおこれも細かい注意かもしれないが，(ii) は，単位元 e が恒等変換になることはいっているが，'e だけが' とはいっていない．一般には e 以外の元でも恒等変換を与えることがある．たとえば，$\boldsymbol{Z}$ は実数の集合 $\boldsymbol{R}$ に，上の φ_n とは別に

$$\psi_n(x) = (-1)^n x$$

としても働いている．このとき，n が偶数ならば，ψ_n はすべて恒等変換となっている．

任意の群は，自分自身の上に働く

> 群 G は，G 自身の上に
> $$\varphi_g(h) = gh \quad (g, h \in G)$$
> とおくことにより働く．

実際

$$\varphi_{g_1}(\varphi_{g_2}(h)) = \varphi_{g_1}(g_2 h) = g_1 g_2 h = \varphi_{g_1 g_2}(h)$$

$\varphi_e(h) = h$ は明らかであろう．

この G の自身の上への働きを，G の左からの働きという．

対応して

> 群 G は，G 自身の上に
> $$\psi_g(h) = hg^{-1} \quad (g, h \in G)$$
> とおくことにより働く．

実際，

$$\psi_{g_1}(\psi_{g_2}(h)) = \psi_{g_1}(hg_2{}^{-1}) = hg_2{}^{-1}g_1{}^{-1}$$
$$= h(g_1 g_2)^{-1} = \psi_{g_1 g_2}(h)$$

$\psi_e(h) = h$ は明らか．

この G の自身の上への働きを，G の右からの働きという．

$\varphi_g \circ \psi_g(h) = \psi_g \circ \varphi_g(h) = ghg^{-1}$ に注意すると，これからまた次のような G の働きがあることもわかる．

> 群 G は，G 自身の上に
> $$\lambda_g(h) = ghg^{-1} \quad (g, h \in G)$$
> とおくことにより働く．

この G の自身の上への働きを，G の両側からの働きという．

これらの最も基本的な例でもわかるように，1 つの群 G が集合 M (いまの場合は G であったが) に働く仕方は，いろいろあるのである．

有限群 G の置換としての働き

有限群 G の位数を n とし，G の元を適当な順序で並べて

$$h_1, \quad h_2, \quad h_3, \quad \ldots, \quad h_n \tag{1}$$

とする．いま群 G を左から働かせる．このとき $g \in G$ の働きによって，(1) は

$$gh_1, \quad gh_2, \quad \ldots, \quad gh_n \tag{2}$$

へと変わる．ところが

$$h_i \neq h_j \Longrightarrow gh_i \neq gh_j$$

だから，(2) は (1) を並べかえたものにすぎない．したがって

$$gh_1 = h_{i_1}, \quad gh_2 = h_{i_2}, \quad gh_3 = h_{i_3}, \quad \ldots, \quad gh_n = h_{i_n} \tag{3}$$

とおくと，$(i_1, i_2, \ldots, i_n)$ は $(1, 2, \ldots, n)$ の置換となっている．

このようにして，g の左からの働きによって，(1) がどのようにおきかわったかに注目して，G から n 次の対称群 S_n の中への対応

$$\varPhi : g \longrightarrow \begin{pmatrix} 1 & 2 & 3 & \cdots & n \\ i_1 & i_2 & i_3 & \cdots & i_n \end{pmatrix}$$

が得られた．(2) の系列に，もう一度左から $\tilde{g}$ を働かせることは，(3) の系列で，$h_{i_1}, h_{i_2}, \ldots, h_{i_n}$ の $\tilde{g}$ による置換を行なうことになっている．このことは

$$\varPhi(\tilde{g}g) = \varPhi(\tilde{g})\varPhi(g)$$

を示している．右辺は，2 つの置換 $\varPhi(\tilde{g}), \varPhi(g)$ の積を表わしている．

準　同　型

このような対応を取り出して，はっきりした形で述べるには，次の概念を導入しておいた方がよい．

【定義】 群 G から，群 G' への対応 Φ があって

$$\Phi(\tilde{g}g) = \Phi(\tilde{g})\Phi(g) \quad (g, \tilde{g} \in G)$$

をみたすとき，Φ を G から G' への準同型写像であるという．

Φ を G から G' への準同型写像とすると，G の単位元 e に対し

$$\Phi(e) = \Phi(e^2) = \Phi(e)\Phi(e)$$

が成り立つから，これから (両辺に $\Phi(e)^{-1}$ をかけるとわかることだが) $\Phi(e)$ が G' の単位元 e' に等しいことがわかる．すなわち準同型写像によって，単位元は単位元へと移る．

また $g \in G$ の逆元 g^{-1} に対し

$$e' = \Phi(e) = \Phi(gg^{-1}) = \Phi(g)\Phi(g^{-1})$$

が成り立ち，このことから $\Phi(g^{-1}) = \Phi(g)^{-1}$ となることがわかる．すなわち準同型写像によって，逆元は逆元へと移る．

準同型写像 Φ が 1 対 1 であっても，一般には，G は G' の一部分に移されるだけであって，G と G' が同型であるとは限らない．この場合，G は G' のある部分群と同型である，ということはできる．

有限群から対称群への準同型写像

この概念を用いると，前に述べたことは，次のように簡潔にいい表わすことができる．

> 位数 n の有限群 G から，n 次の対称群 S_n への準同型写像 Φ が存在する．この準同型写像 Φ は，G の左からの働きによって引き起こされる．

同様に，G の自身の上への，右からの働き ψ_g を用いることによっても，G から S_n への準同型写像 Ψ が得られる．

Φ も Ψ も，G から S_n の中への 1 対 1 写像となっている．たとえば Φ についていえば，系列 (2) をみると，もし，g と別の元 $g' \in G$ をとると，$gh_i \neq g'h_i$ となり，(2) の系列は入れかわる．このことは，g と g' の引き起こす置換が異なることを意味している．すなわち

$$g \neq g' \Longrightarrow \Phi(g) \neq \Phi(g')$$

が成り立つ．

G の両側からの働き $g : \lambda_g(h) = ghg^{-1}$ を用いても，$h \neq h'$ ならば $\lambda_g(h) \neq \lambda_g(h')$ だから，やはり，各 λ_g は，系列 (1) の置換を引き起こし，したがって，これからも同様に準同型写像

$$\Lambda : G \longrightarrow S_n$$

が得られる．

ここまでは，Φ, Ψ も Λ も同じ状況であるが，1 つ違うことは Φ, Ψ は 1 対 1 であったが，Λ は一般には 1 対 1 ではないということである．実際，たとえば G が可換群のときには

$$\lambda_g(h) = ghg^{-1} = gg^{-1}h = h$$

となり，すべての λ_g は系列 (1) を動かさない．したがってこのときには，Λ によって G のすべての元は，S_n の単位元へと移されてしまう．もちろん Λ は 1 対 1 ではない．

‘表現’という言葉

準同型写像の定義では，2 つの群 G と G' が抽象的におかれていて，その間を準同型写像が橋渡しをしているというように述べられている．しかし，準同型写像の例として述べた

$$\Phi : G \longrightarrow S_n$$

では，この定義の単なる適用というよりは，多少別のニュアンスが加えられてきている．それは，G はまったく抽象的な概念に支えられた対象であったのに，n 次の対称群 S_n は具体的な群となっていることである．そう思ってみると，Φ は，抽象的な対象 G を，具体的な対象 S_n の中に映し出しているように見える．実際，G の Φ による像 $\Phi(G)$ は，S_n の部分群となっていて，この部分群は G を S_n の

中で捉えた形になっている．Φ は，抽象性から具象性への移行を示している！

このニュアンスを伝えるために，数学者はこのような場合には，準同型写像という言葉よりは，表現という言葉を好んで用いる．'G から S_n への表現 Φ が与えられた' というのである．

Φ が 1 対 1 であるということを強調したいときには，忠実な表現であるという．表現は英語で representation であり，忠実な表現は，faithful representation という．

Φ も Ψ も，G から S_n への 2 つの忠実な表現となっている．この 2 つの表現は一般には異なっている．Λ は，G から S_n への表現を与えているが，Λ は一般には忠実とは限らない．

なお，表現について，第 30 講で，群の表現論という観点に立って述べている．

Tea Time

置換は行列として表現される

n 個のものの置換全体のつくる対称群 S_n は，n 次の正則行列のつくる群 (実際は n 次の直交行列のつくる群) によって忠実に表現されている．このことを $n=3$ の場合に説明してみよう．

3 次元の座標空間 $\boldsymbol{R}^3$ の標準基底

$$\boldsymbol{e}_1 = \begin{pmatrix} 1 \\ 0 \\ 0 \end{pmatrix}, \quad \boldsymbol{e}_2 = \begin{pmatrix} 0 \\ 1 \\ 0 \end{pmatrix}, \quad \boldsymbol{e}_3 = \begin{pmatrix} 0 \\ 0 \\ 1 \end{pmatrix}$$

を考える．このとき，置換

$$\begin{pmatrix} 1 & 2 & 3 \\ i_1 & i_2 & i_3 \end{pmatrix}$$

は，基底変換 $\boldsymbol{e}_1 \to \boldsymbol{e}_{i_1}$，$\boldsymbol{e}_2 \to \boldsymbol{e}_{i_2}$，$\boldsymbol{e}_3 \to \boldsymbol{e}_{i_3}$ を与えているとみるのである．たとえば

$$\begin{pmatrix} 1 & 2 & 3 \\ 3 & 1 & 2 \end{pmatrix}$$

は，基底変換 $\boldsymbol{e}_1 \to \boldsymbol{e}_3$，$\boldsymbol{e}_2 \to \boldsymbol{e}_1$，$\boldsymbol{e}_3 \to \boldsymbol{e}_2$ を与えていると考える．ところがこの基底変換は，次頁の右辺のような 3 次の正則行列 (実際は直交行列) によって表

わすことができる．このようにして，対応

$$\begin{pmatrix} 1 & 2 & 3 \\ 3 & 1 & 2 \end{pmatrix} \longrightarrow \begin{pmatrix} 0 & 1 & 0 \\ 0 & 0 & 1 \\ 1 & 0 & 0 \end{pmatrix}$$

が得られる．互換 (1 3) には，行列

$$\begin{pmatrix} 0 & 0 & 1 \\ 0 & 1 & 0 \\ 1 & 0 & 0 \end{pmatrix}$$

が対応することになる．この対応は，S_3 の 3 次の正則行列のつくる群への忠実な表現を与えているのである．

このようにして，この表現を通して，一般に n 次の対称群は，$\boldsymbol{R}^n$ の線形変換として働いていることがわかる．表現を通して，群はその働く世界を広げていくのである．

質問　位数 n の有限群は，S_n の中へ 1 対 1 に準同型に移すことができるということでしたが，このことは，有限群は対称群の部分群に同型になるといい表わしてよいのだと思います．有限群とは限らない任意の群に対しても似たような結果はあるのでしょうか．

答　まず，まったく任意の集合 M $(\neq \phi)$ が与えられたとき，M から M の上への 1 対 1 写像 (集合論でいう 1 対 1 対応) の全体は，写像の合成を積と考えることによって群となっていることを注意しよう．この群をかりに $ISO(M,M)$ とかくことにする．$M = \{1,2,\ldots,n\}$ のときには，$ISO(M,M)$ は，$\{1,2,\ldots,n\}$ の置換全体のつくる n 次の対称群である．群 G が M に働くということは，定義を改めて見直してみると，G から $ISO(M,M)$ への準同型写像が 1 つ与えられたことであるといい直すことができる．だから，特に M として G をとり，G の左からの働きを考えると，この働きは，G から $ISO(G,G)$ への 1 対 1 の準同型対応を与えているとみることができる．任意の群 G は，このようにして，$ISO(G,G)$ の部分群と同型となる．これが君の聞いている‘似たような結果’である．

第 13 講

軌　道

テーマ
- 軌道
- G-軌道による分解
- 固定部分群
- 1 点 x_0 の G-軌道の点と，x_0 の固定部分群 G_{x_0} による左剰余類との対応
- 有限群の場合，軌道上にある元の個数は，G の位数の約数となる．
- コーシーの定理

正 6 面体群と軌道

正 6 面体群 $P(6)$ のことから話をはじめよう．$P(6)$ の中で，相対する面の中心を通る中心軸に関する $\frac{\pi}{2}$ の回転は，位数が 4 の巡回群を生成する．この巡回群は $\boldsymbol{Z}_4$ と同型であって，したがって

$$\boldsymbol{Z}_4 \subset P(6)$$

と考えてよい．

いまこの群 $\boldsymbol{Z}_4$ が，正 6 面体の 8 個の頂点の上にどのように働くかを調べてみよう．図 26 からも明らかなように，点 P は，$\boldsymbol{Z}_4$ の働きによって $\mathrm{P}', \mathrm{P}'', \mathrm{P}'''$ へと移って再び P へ戻ってくる．同様に，点 Q は $\mathrm{Q}', \mathrm{Q}'', \mathrm{Q}'''$ へと移って再び Q へと戻ってくる．点 P は，$\boldsymbol{Z}_4$ の働きではけっして底面の点 Q へと移っていかない．

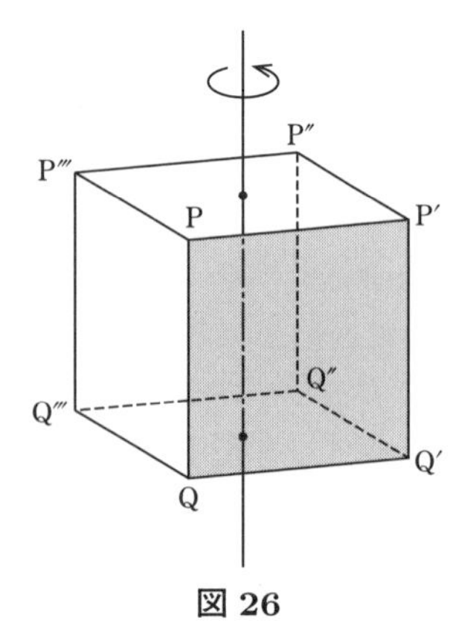

図 26

点 P，または点 Q が，このように $\boldsymbol{Z}_4$ の働きで動く様子を考えると

$$\text{点 P の } \boldsymbol{Z}_4 \text{ による軌道} = \{\mathrm{P}, \mathrm{P}', \mathrm{P}'', \mathrm{P}'''\}$$

$$\text{点 Q の } \boldsymbol{Z}_4 \text{ による軌道} = \{\mathrm{Q}, \mathrm{Q}', \mathrm{Q}'', \mathrm{Q}'''\}$$

といういい方を採用するのは，ごく自然のことに思える．点 P，点 Q の $\boldsymbol{Z}_4$ による軌道を，それぞれ

$$\boldsymbol{Z}_4(\mathrm{P}),\quad \boldsymbol{Z}_4(\mathrm{Q})$$

と表わす．

軌　　道

このようないい方と，表わし方は，次の一般的な定義にしたがっているのである．

【定義】 群 G は集合 M 上に働いているとする．このとき M の任意の点 x に対し

$$G(x) = \{g(x) \mid g \in G\}$$

とおき，$G(x)$ を x の G による軌道 (または G-軌道) という．

このとき次の結果が成り立つ．

$$y \notin G(x) \Longrightarrow G(x) \cap G(y) = \phi$$

【証明】 もし $G(x) \cap G(y) \neq \phi$ ならば $G(x)$ と $G(y)$ に共通に含まれる M の点 z が存在する．$z \in G(x)$ だから $z = g(x)$ と表わされ，また $z \in G(y)$ だから，$z = g'(y)$ と表わされる．したがって

$$g(x) = g'(y) \Longrightarrow g'^{-1}g(x) = y$$

となり，$y \in G(x)$ となってしまう．これは仮定 $y \notin G(x)$ に矛盾する． ∎

このことから，$G(x)$ に属さない点 y をとると，$G(x) \cap G(y) = \phi$ である．$G(x)$ にも $G(y)$ にも属さない点 z があれば，z の軌道は，$G(x)$ と $G(y)$ と共通点をもたない：

$$G(x) \cap G(y) \cap G(z) = \phi$$

M の各点を通る G-軌道は，互いにけっして共通点をもたないのだから，M は，互いに共通点のない G-軌道によって

$$M = \bigcup_{\alpha} G(x_\alpha) \quad (\text{共通点なし}) \tag{1}$$

と分解されることになる．

また簡単なことであるが，$x' \in G(x)$ に対しては

$$G(x) = G\left(x'\right)$$

が成り立つことも注意しておこう．

固定部分群

正 6 面体群 $P(6)$ の中で，正 6 面体の 1 つの頂点 P を動かさない変換は，P を通る対角線のまわりの回転であって，この回転の全体は，$P(6)$ の中で $\boldsymbol{Z}_3$ に同型な部分群をつくっている．

一般に群 G が集合 M の上に働いているとき，M の 1 点 x_0 をとめる $g \in G$ の全体は，G の部分群をつくっている．実際

$$g\left(x_0\right) = x_0, \quad h\left(x_0\right) = x_0$$

ならば

$$(gh)\left(x_0\right) = g\left(h\left(x_0\right)\right) = g\left(x_0\right) = x_0$$

であり，また $g(x_0) = x_0$ から $g^{-1}(g(x_0)) = g^{-1}(x_0)$ となり，これから

$$g^{-1}\left(x_0\right) = x_0$$

もわかる．単位元 e は，もちろん x_0 をとめている．

【定義】 M の点 x_0 をとめる G の元全体のつくる G の部分群を，x_0 の固定部分群 (または安定部分群) という．

点 x_0 の固定部分群を G_{x_0} で表わす．

行列式が 1 の 3 次の直交行列全体のつくる群 $SO(3)$ は，原点中心，半径 1 の球面上に働いている．このとき，点 $\mathrm{P}(0,0,1)$ (北極) の固定部分群は，北極のまわりの回転

$$\begin{pmatrix} \cos\theta & -\sin\theta & 0 \\ \sin\theta & \cos\theta & 0 \\ 0 & 0 & 1 \end{pmatrix}, \quad 0 \leqq \theta < 2\pi$$

で与えられている．

軌道と固定部分群

群 G が集合 M の上に働いているとき，M の任意の点 x_0 に対し，x_0 の軌道 $G(x_0)$ と，x_0 の固定部分群 G_{x_0} との間には密接な関係がある．

説明の簡単のため，G を有限群とする．このとき，x_0 の G-軌道 $G(x_0)$ は，有

新装改版にあたっての推薦文

刊行にあたり、数学30講シリーズへの推薦文をお寄せいただきました！

これぞ微分積分講義の決定版

本書は、著者の長年の経験に裏打ちされた教育的配慮と、定評のある平易な文章表現を伴って、ともすれば無味乾燥になりがちな微分積分のより深い理解に読者を誘う。（第1巻『微分積分30講』について）

砂田利一（明治大学名誉教授、東北大学名誉教授）

この教科書は“生きている”と感じました

数学の教科書には良くも悪くも事実が淡々と並べられた無機質なものも多いと思うのですが、このシリーズには著者の姿が強く感じられ、“生きている”教科書だと思いました。生きている教科書には自然と学習意欲が掻き立てられ、自分自身も学生時代に何度も鼓舞され続けてきました。より多くの人にこのシリーズが届きますように！

ヨビノリたくみ（YouTuber）

ビギナーに優しく格調高い、優れた入門書

さすが志賀浩二先生。数学ビギナーはもちろん、数学のプロ研究者までが、感嘆のあまり溜息をつくような見事な入門書である。中高の先生方、数理科学の研究者から理系に限らず文系の学生さんまで、読んでみてごらんなさい。現代を支える数学の魅力がゆっくりと伝わってくる、魔法の書である。柔らかな発想に基づいたTea Timeの質問と答は、志賀浩二先生ならではの語り口であり、まるでライブの授業を受けているようだ。女子学生にも男子学生にも、未来を担う若者には是非ご一読いただきたいと、強く思う。

平田典子（日本大学特任教授、数学オリンピック財団理事）

バランスが絶妙な本物の数学入門書

刊行以来30年以上、「数学30講シリーズ」が愛され続けてきた理由は、その内奥にある何重ものバランスの素晴らしさにあるのではないか。明快さと厳密さ、入門性と奥深さ、そして何よりも数学の楽しさと厳しさといった対立項が、ここでは絶妙に溶け合っているからだ。そういう本こそ、本物の数学書であり本物の入門書なのだろう。だからこそ昔も今もこれからも、誰もが愛読するシリーズであり続けることだろう。

加藤文元（東京工業大学名誉教授）

歴史を含めた深い複素数の理解へ向けて

複素数を学んで認めると数が“増える”。ただ、定義の理解や計算法の習得をしても、複素数を扱うことへの抵抗や驚きを克服することは難しくて然るべきであろう。複素数の理論構築の背景には、数への素朴な直感、論理や数学体系の美の間で揺れ動いた数学者たちの長い歴史がある。本書はその物語まで踏み込んだ画期的な入門で読者を魅了し、さらに後半では複素数導入の醍醐味と金字塔である関数論・複素解析にまで誘う。（第6巻『複素数30講』について）

尾高悠志（京都大学准教授）

ティータイムから読もう

数学の本はおよそ、定理定義証明が列をなしており、世界の全貌や、分かっていないこと、応用できないことを知るのが困難だ。各講末のティータイムには、著者が数学を探検した感想、できそうでできないこと、なぜその定義にするか、などが赤裸々に綴られる。まずはそれを全部眺めると、数学の地図を見通しやすい。オススメの読み方である。

橋本幸士（京都大学教授）

物語のように読めて詩のように味わえる数学

ややこしい問題がきれいなアイデアではらりと解けてしまうのって、爽快ですよね。ところがきれいなアイデアの裏には「群が働いて」いる。群とその表現論こそ、隠れた対称性をほぐし出し、複雑を単純にバラし、乱麻を断つ現代数学の魔術。志賀氏の筆致は、すみずみまで納得できる厳密さと、梢を風が渡るような軽やかさとのバランス絶妙に、抜群な独習能率を実現し、群の働きが広がってゆく彼方を夢見させてくれる—世界一のてびきです。（第 8 巻『群論への 30 講』について） 時枝正（スタンフォード大学教授）

つくられていく測度論の姿

測度論は、何かの形で「無限」を扱う確率論や統計学では避けて通れないものです。しかし、完成された測度論の定義に近づきにくさを覚える人も多いのではないでしょうか。本書は 30 講シリーズの伝統にのっとる講義形式で、ルベーグ測度の生まれる様子をその歴史に沿って、生き生きと伝えてくれます。測度論は無味乾燥と思っている方に、ぜひお薦めしたい副読本です。（第 9 巻『ルベーグ積分 30 講』について）

持橋大地（統計数理研究所准教授）

【著者プロフィール】 志賀浩二　東京工業大学名誉教授. 理学博士。1930 年（昭和 5 年）新潟県新潟市に生まれる。1955 年（昭和 30 年）東京大学大学院数物系数学科修士課程を修了。東京工業大学にて長く研究・教育にあたる. 同大学理学部数学科教授を退官後, 桐蔭横浜大学工学部教授を経て, 桐蔭学園中等教育学校に着任。中高一貫の数学教育に携わる。2024 年（令和 6 年）逝去。
「数多くの数学啓発書の執筆および編集により数学の研究・教育・普及に大きく貢献」したことにより第 1 回日本数学会出版賞を受賞。主な著書に『数学 30 講シリーズ』（全 10 巻, 朝倉書店),『数学が生まれる物語』（全 6 巻, 岩波書店),『数学が育っていく物語』（全 6 巻, 岩波書店),『中高一貫数学コース』（全 11 巻, 岩波書店),『数学の流れ 30 講』（全 3 巻, 朝倉書店),『大人のための数学』（全 7 巻, 紀伊國屋書店）などがある。

1　微分・積分 30 講

208 頁　NDC413.3　予価 3,300 円
（本体 3,000 円）（11881-0）

第 1 巻は数（すう）の話から出発し, 2 次関数, 3 次関数, 三角関数, 指数関数・対数関数などを経て, 微分, 積分, 極限, テイラー展開へと至る。

試し読み
はこちら

2　線形代数 30 講

216 頁　NDC411.3　予価 3,300 円
（本体 3,000 円）（11882-7）

名著の内容はそのままに版面を刷新。ベクトル・行列の数理に明快なイメージを与える, データサイエンス時代の今こそ読みたい入門書。

3　集合への 30 講

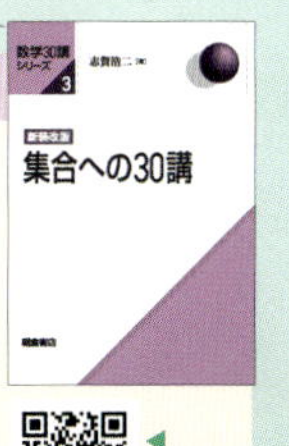

196 頁　NDC410.9　予価 3,520 円
（本体 3,200 円）（11883-4）

親しみやすい文体で「無限」の世界へ誘う。集合論の初歩から始め, 選択公理, 連続体仮説まで着実なステップで理解。

試し読み
はこちら

4　位相への 30 講

228 頁　NDC415.2　予価 3,520 円
（本体 3,200 円）（11884-1）

「私たちの中にある近さに対する感性を拠り所としながら, 一歩一歩手探りするような慎重さで」位相空間を理解する。

5　解析入門 30 講

260 頁　NDC413　予価 3,740 円（本体 3,400 円）（11885-8）

数直線と高速道路のアナロジーから解き起こし，実数の連続性や関数の極限など微積分の礎を丁寧に確認，発展的議論へ進む。

試し読みはこちら

6　複素数 30 講

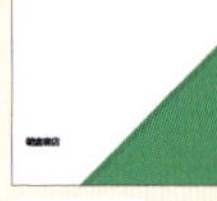

232 頁　NDC413.52　予価 3,740 円（本体 3,400 円）（11886-5）

「複素数の中から，どのようにしたら‘虚’なる感じを取り除けるか」をテーマに，‘平面の数’としての複素数を鮮明に示す。

試し読みはこちら

7　ベクトル解析 30 講

244 頁　NDC414.7　予価 3,740 円（本体 3,400 円）（11887-2）

「微分形式の初等的な入門」を主題に置き，ベクトル解析の数学的理解に確かな足場を築く。

試し読みはこちら

8　群論への 30 講

244 頁　NDC411.6　予価 3,740 円（本体 3,400 円）（11888-9）

身近な事象の対称性の話題から始まり，「群の動的な働きの中から，静的な形が抽出されてくる」過程を活写。初学者に格好の入門書。

試し読みはこちら

9　ルベーグ積分 30 講

256 頁　NDC413.4　予価 3,740 円（本体 3,400 円）（11889-6）

現代解析学を理解する上で必須となるルベーグ積分の理論を「どこか謎めいた姿」を解きほぐす。

試し読みはこちら

10　固有値問題 30 講

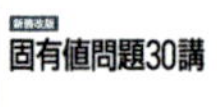

260 頁　NDC413.67　予価 3,740 円（本体 3,400 円）（11890-2）

代数的な世界と解析的な世界をつなぐ固有値問題を「2 次の行列の場合からはじめて，ヒルベルト空間上の作用素のスペクトル分解に至るまで」一気に描き出す。

試し読みはこちら

対象読者　理工系大学学部生，数学に関心のある一般読者，高校・大学・公共図書館

切り取り線

【お申込み書】こちらにご記入のうえ、最寄りの書店にご注文下さい。

	取扱書店
各 A5 判　　　　冊	
●お名前　　□公費／□私費	
●ご住所（〒　　　）TEL	

朝倉書店　〒162-8707 東京都新宿区新小川町 6-29 ／振替 00160-9-8673 ／価格表示は 2024 年 7 月現在
電話 03-3260-7631 ／ FAX03-3260-0180 ／ https://www.asakura.co.jp/ ／ eigyo@asakura.co.jp

限個の点からなる M の部分集合となる.

$$G(x_0) = \{x_0, x_1, x_2, \ldots, x_{s-1}\} \tag{2}$$

とおく. 点 x_0 を x_i に移す G の元は必ず存在するが, いまそのような元が 2 つあったとしてそれを $g_i, g_i{}'$ とする：

$$x_i = g_i(x_0), \quad x_i = g_i{}'(x_0)$$

このとき $x_0 = g_i{}^{-1}(x_i)$ により,

$$g_i{}^{-1} g_i{}'(x_0) = x_0$$

が得られる. すなわち

$$g_i{}^{-1} g_i{}' \in G_{x_0} \tag{3}$$

となる.

逆に g_i と $g_i{}'$ が (3) の関係をみたしていれば,

$$g_i(x_0) = g_i{}'(x_0) = x_i$$

となる.

(3) は

$$g_i{}' \in g_i G_{x_0}$$

とかき直してみるとわかるように, g_i と $g_i{}'$ が G_{x_0} の同じ左剰余類に属していることを示している. したがって (2) の各 x_i に対して, $x_i = g_i(x_0)$ をみたす G の元 g_i を 1 つ選んでおくと, G の G_{x_0} の左剰余類による分解

$$G = G_{x_0} + g_1 G_{x_0} + g_2 G_{x_0} + \cdots + g_{s-1} G_{x_0} \tag{4}$$

が得られて

$$g \in G_0 \Longleftrightarrow g(x_0) = x_0$$

$$g \in g_1 G_{x_0} \Longleftrightarrow g(x_0) = x_1$$

$$\cdots\cdots$$

$$g \in g_{s-1} G_{x_0} \Longleftrightarrow g(x_0) = x_{s-1}$$

と対応することになる.

この意味で x_0 の G-軌道と, G の G_{x_0} による左剰余類による集合とが 1 対 1 に対応する.

このことは, G が有限群でなくとも, 同様の議論で任意の群で成り立つことがわかる. したがって次の結果が示された.

群 G が M 上に働くとき，M の1点 x_0 の G-軌道と G の G_{x_0} による左剰余類とが1対1に対応する．

特に G が有限群のときには，(4) で G_{x_0} の元の個数 s を $|G(x_0)|$ とおくと

$$|G| = |G_{x_0}| \times |G(x_0)| \tag{5}$$

となり，したがって

(♯)　G-軌道 $G(x_0)$ に現われる点の個数は，G の位数の約数である．

が成り立つ．

1つの応用

最後に述べた (♯) の興味ある応用として次の定理を証明しよう．

【定理】　G を有限群とし，素数 p は G の位数の約数とする．このとき G の元 g で，位数が p のものが存在する．

すなわち $g\ (\neq e)$ で，$g^p = e$ となるものが存在する．したがって，G は g から生成された位数 p の巡回群を部分群としてもっている．あるいは同じことであるが，G は $\boldsymbol{Z}_p$ と同型な群を含む．

この定理をコーシーの定理として引用することがある．

【証明】　順序づけて並べられた p 個の G の元

$$(h_1, h_2, \ldots, h_p)$$

で

$$h_1 h_2 \cdots h_p = e$$

をみたすものを考える．$h_1, h_2, \ldots, h_p$ の中には同じものが含まれていてもよい．このような p 個の G の元全体のつくる集合を M とする．

M の元の個数を求めておこう．$h_1, h_2, \ldots, h_{p-1}$ を G から任意にとったとき

$$(h_1, h_2, \ldots, h_{p-1}, h_p) \tag{6}$$

が M に属するための必要十分条件は

$$h_p = (h_1 h_2 \cdots h_{p-1})^{-1}$$

で与えられる．すなわち h_p は，$h_1, \ldots, h_{p-1}$ によって一意的に決まる．h_1 のとり方は $|G|$ 通り，h_2 のとり方は $|G|$ 通り，…，h_{p-1} のとり方は $|G|$ 通りあるから，結局，M の元の総数は

$$|G|^{p-1} \text{個}$$

である．p は $|G|$ を割りきるから，したがって M の元の総数も p で割りきれる．

位数 p の巡回群 $\boldsymbol{Z}_p$ の M への働きを，次のように定義しよう．$m \in \boldsymbol{Z}_p$ $(m = 0, 1, 2, \ldots, p-1)$ に対し

$$m\,(h_1, h_2, \ldots, h_p) = (h_{m+1}, \ldots, h_p, h_1, \ldots, h_m)$$

とおく．すなわち，$\boldsymbol{Z}_p$ は (6) を循環させるように働くのである．

$|\boldsymbol{Z}_p| = p$ だから，($\sharp$) により，この $\boldsymbol{Z}_p$ の働きに関する M の各点の軌道は，1 点か，p 個の点からなる．

$(e, e, \ldots, e)$ の軌道は，明らかに 1 点からなる．もし，$(e, e, \ldots, e)$ 以外の点の軌道がすべて p 個の点からなるならば，(1) によって，M を軌道に分解すると，M の元の個数は

$$1 + p + p + \cdots + p \tag{7}$$

とならなければならないことになる．しかし，これは p で割りきれない．

したがって，$(e, e, \ldots, e)$ 以外に，少なくとも 1 点

$$(g_1, g_2, \ldots, g_p)$$

が存在して，この軌道は 1 点からなる．このことは，$m = 0, 1, 2, \ldots, p-1$ に対して

$$(g_1, g_2, \ldots, g_p) = (g_{m+1}, \ldots, g_p, g_1, \ldots, g_m)$$

が成り立つことを意味している．‘成分’を比べて

$$g_1 = g_2 = \cdots = g_p$$

が成り立つことがわかる．この元を g とおくと，$g \neq e$ であって，

$$g^p = 1$$

が成り立つ．これで位数 p の元 g が存在することが証明された． ∎

Tea Time

質問　上の定理の証明法は，僕には思いもつかないようなものです．結論が出るまでの途中では，どうしてこんな推論で証明されるのかと思っていました．証明を読み直してみると，$(e, e, \ldots, e)$ 以外に，軌道が1点しかないものが少なくとも，もう1つなくてはいけないとありますが，もう1つあっても，(7) 式は $1+1+p+p+\cdots+p$ と変わるだけで，$p>2$ ならば，まだ p で割れません．この数が p で割れるようになるくらい，軌道が1点からなるものがたくさんあるということは，どうしてわかるのですか．

答　数学の証明は，一般には，最短コースを走り抜けるようにかくので，このような疑問が生ずるのは当然だと思う．しかし，$g^p = e$ という元が1つでも見つかると，$p-1$ 個の元

$$g, g^2, g^3, \ldots, g^{p-1}$$

の $\boldsymbol{Z}_p$-軌道がやはり1点からなる．したがって，これ以外には，もう軌道が1点からなる元がないとしても，(7) に相当する式は $\overbrace{1+1+\cdots+1}^{p\text{ 個}}+p+\cdots+p$ となって M の元の総数は p で割りきれるのである．

質問　もう1つ質問があるのですが，第8講を見ますと，G の任意の元の位数は，$|G|$ の約数であるとありました．いま，G の約数が素数 p のときには，この逆に相当すること，すなわち，約数に対応して位数 p の元があることを証明されましたが，もっと一般に，$|G|$ の任意の約数 q に対し，位数 q の元が存在するということはいえないのですか．

答　一般には，そのようなことはいえないのである．たとえば4次の交代群 A_4 の位数は12であり，12の約数は1, 2, 3, 4, 6である．しかし，位数1, 2, 3の元は存在するが，位数4と6の元は存在しないのである．実際，A_4 の元は，単位元と，位数2の3個の元

$$(1\ 2)(3\ 4),\ (1\ 3)(2\ 4),\ (1\ 4)(2\ 3)$$

と，位数 3 の 8 個の元

$$(1\ 2\ 3),\ (1\ 3\ 2),\ (1\ 2\ 4),\ (1\ 4\ 2),$$
$$(1\ 3\ 4),\ (1\ 4\ 3),\ (2\ 3\ 4),\ (2\ 4\ 3)$$

からなっている．ただし，ここでたとえば記号 $(1\ 2\ 3)$ は‘循環置換’

$$\begin{pmatrix} 1 & 2 & 3 & 4 \\ 2 & 3 & 1 & 4 \end{pmatrix}$$

を表わしている．

第 14 講

軌　　道 (つづき)

テーマ

- ◆ 群の中心
- ◆ 群の位数が素数のベキならば，中心は単位元以外の元を含む.
- ◆ 有限群の位数が $p^m l$ (p：素数；p と l は素) のとき，位数 p^m の部分群を含む.
- ◆ シロー群

前講の最後で述べた定理の証明をみると，軌道の考えが実に巧みに用いられていて，目をみはるようである．このような考え方が証明の中にはっきりと現われているような，2 つの基本的な結果をさらにここであげて，いわば群論の味とでもいうべきものを，読者と一緒に味わってみることにしよう.

中　　心

まず次の定義を導入しよう.

【定義】 群 G の元 g で，G のすべての元と可換となるもの全体は G の部分群となる．この部分群を G の中心といい，Z で表わす.

すなわち

$$Z = \{g \mid すべての\ h \in G\ に対し\ gh = hg\}$$

この定義で，Z が部分群となることだけ確かめなくてはならないが

$$g_1, g_2 \in Z \Longrightarrow g_1g_2h = g_1hg_2 = hg_1g_2 \quad (h \in G)$$

により $g_1g_2 \in Z$．また

$$g \in Z \Longrightarrow gh = hg \quad (h \in G)$$
$$\Longrightarrow h^{-1}g^{-1} = g^{-1}h^{-1}$$

h が G の元をわたるとき，h^{-1} も G の元をわたるから，この式は，$g^{-1} \in Z$ を

示している．これで Z が部分群となることがわかった．

Z が単位元 e だけからなることも多い．たとえば $n>2$ ならば，対称群 S_n の中心は単位元だけからなる．一方，G が可換群ならば，$G=Z$ である．

群の位数と中心

次の定理を証明してみよう．

【定理】 有限群 G の位数が素数のベキならば，G の中心 Z は単位元以外の元を含む．

【証明】 $|G|=p^m$ (p は素数) とする．群 G の自身の上への両側からの働き

$$\lambda_g(x)=gxg^{-1}$$

を考えよう．以下 G-軌道というときには，すべてこの G の働きに関するものである．

まず，$x\in Z$ という条件が，x の G-軌道が x だけからなるということで与えられることを注意しよう．実際，x の G-軌道が x しかないということは，すべての $g\in G$ に対して，$\lambda_g(x)=x$，すなわち $gxg^{-1}=x$，$gx=xg$ が成り立つということ，いいかえれば $x\in Z$ ということである．

各元の G-軌道に含まれている元の個数は，前講の (♯) により，群 G の位数 p^m の約数であり，したがって 1 か，p のベキである．もし Z が単位元だけからなるならば，前講 (1) の分解をいまの場合に適用してみると，上の注意から

$$p^m=1+p^{m_1}+p^{m_2}+\cdots \quad (m_1,m_2,\ldots \text{は正の整数})$$

という個数の関係が得られることになる．右辺は p で割りきれないから，これは明らかに矛盾である．したがって Z は単位元以外の元を含む． ∎

Z は G の部分群だから，Z の位数は，必ず p のベキとなるのである．

シロー群の存在

有限群 G が与えられたとき，G の位数 $|G|$ を割りきる素数 p に注目し，$|G|$ を割りきる p の最大ベキを p^m とする．

そのとき次の有名な定理が成り立つ.

【定理】 群 G には, 位数 p^m の部分群が存在する.

たとえば位数 108 の群にこの定理を適用してみると, $108 = 2^2 \times 3^3$ だから, 必ず位数 $2^2 = 4$ の部分群と, 位数 $3^3 = 27$ の部分群が存在することが結論されるのである.

【証明】 G の部分集合で, 元の数が p^m 個からなるもの全体のつくる集合 (部分集合族！) を $\boldsymbol{M}$ とする (たとえば, 上の位数が 108 の群にこの証明を適用する場合, $p = 2$ のときは, $2^2 = 4$ 個の元からなる部分集合をすべてとって, それを $\boldsymbol{M}$ とするのである).

$$|G| = kp^m \quad (k \text{ と } p \text{ は互いに素})$$

とすると

$$\boldsymbol{M} \text{ の元の個数} = p^m \text{個の元からなる } G \text{ の部分集合の個数}$$
$$= \binom{kp^m}{p^m} \tag{1}$$

である.

ところが, すぐあとで示すように

(！)　(1) は p と素である.

そこでいま, (！) をひとまず仮定して定理の証明に入ろう. G の元を左から $\boldsymbol{M}$ に働かせることにより, G の $\boldsymbol{M}$ への働きが得られる. すなわち $A \in \boldsymbol{M}$ に対して

$$gA = \{gx \mid x \in A\}$$

とおくのである. 対応 $x \to gx$ は 1 対 1 だから, gA もまた元の数が p^m の G の部分集合となっており, したがって $gA \in \boldsymbol{M}$ である.

$\boldsymbol{M}$ を, G のこの働きによって軌道に分解してみよう. このときすべての軌道に含まれる元の個数がつねに p の倍数となってしまうことはない. もしそうなら, $\boldsymbol{M}$ の元の個数 (1) が p の倍数となってしまい, (！) に反することになる.

したがって, 少なくとも 1 つの $A \in \boldsymbol{M}$ が存在して, A を含む G-軌道 $G(A)$ に

含まれる ($\boldsymbol{M}$ の) 元の個数が p と素であるようなものが存在する．この A に注目することにしよう．A の固定部分群を G_A，$G(A)$ の元の個数を $|G(A)|$ と表わすと，前講の (5) から

$$|G| = |G_A| \times |G(A)|$$

となる．$|G(A)|$ は p と素だから，両辺を見比べて，$|G_A|$ は p^m で割りきれなくてはならないことがわかる．特に

$$|G_A| \geqq p^m \tag{2}$$

である．

一方，A の元 x_0 を 1 つ固定して対応

$$G_A \ni g \longrightarrow gx_0 \in A$$

を考えてみる．右辺で $gx_0 \in A$ とかいたのは，g が A の固定部分群に属しているからである．また $g \neq g'$ ならば，$gx_0 \neq g'x_0$ である．したがってこのことから

$$|G_A| \leqq A \text{ の元の個数} = p^m$$

が得られた．(2) と合わせて

$$|G_A| = p^m$$

これで G_A が，位数 p^m の G の部分群となることが証明された． ∎

もっとも，証明が終ったといっても (！) の証明が残っている．その証明を与えておこう．

【(！) の証明】

$$\begin{pmatrix} kp^m \\ p^m \end{pmatrix} = \frac{kp^m\,(kp^m-1)\cdots(kp^m-l)\cdots(kp^m-p^m+1)}{p^m\,(p^m-1)\cdots(p^m-l)\cdots 1} \tag{3}$$

仮定から k は p と素である．このとき右辺が p と素であることを示すとよい．

分母，分子から出てくる p のベキをみてみよう．p は素数だから，分母，分子に現われる各因数の中に含まれている p のベキをみるとよい．k は p と素だから，分子の最初にある k からは p のベキは出てこない．次に分母，分子の因数 $p^m - l$, $kp^m - l$ の中に p のベキが現われるのは (右辺最初の p^m は打消し合うから，これを除くと)

$$l = p^s l', \quad 1 \leqq s < m, \quad l' \text{ は } p \text{ と素}$$

のときであって，このとき分母の因数 $p^m - l$ は

$$p^m - l = p^s(p^{m-s} - l')$$

となり，分子の因数 $kp^m - l$ は

$$kp^m - l = p^s(kp^{m-s} - l')$$

となる．右辺のカッコの中は，p と素である．したがって分母，分子の p^s は互いに打消し合って結局全体として，(3) の右辺は素因数 p を含まない．これは証明すべきことであった． ■

【定義】 有限群 G の位数を $|G| = p^m l$ (p は素数，p と l は互いに素) とするとき，位数 p^m の G の部分群を，G のシロー群 (正確には p-シロー群) という．

いま証明したことは，任意の有限群にはシロー群が存在するということである．

p-シロー群は一般には1つとは限らない．もし1つ以上あるとすれば，その個数は $1 + kp$ と表わされることが知られている．なお異なる p-シロー群の間には互いに共役であるという関係もある (2つの部分群が共役であるという関係については，第17講参照)．

Tea Time

シローについて

シロー (Sylow) はノルウェーの数学者の名前である．ノルウェーはかの有名な数学者アーベル (1802–1829) を生んだ国である．シロー (1832–1918) は，1872年に，有限群の構造論にとって記念すべき論文‘置換群についてのいくつかの定理’を著わした．この論文の中でシローは，ここに述べたシロー群に関する定理，およびさらに一般的ないくつかの定理を証明した．その中には，代数方程式のガロア群の位数が素数のベキならば，この方程式は代数的に解けることも示している．ガロアの難解な謎めいた論文を読んで，ジョルダンが置換群の理論を，明るい光の中にとり出したのは，1869年のことであったから，このわずか3年後に発表されたシローの仕事がいかに先駆的なものであったかがわかる．

シロー自身は，置換群の形で一連の定理を述べていたのであったが，15年後の1887年に，フロベニウスが論文‘シローの定理の新しい証明’の中で，任意の有限群は置換群の中に表現されることを注意して，シローの定理を，一般の有限群

の高みに上げたのである．

ついでに述べておくと，群を公理の形で最初に述べたのは，可換群のときはクロネッカー (1870) であり，一般の有限群に対してはウェーバー (1882)，無限群に対してもウェーバー (1893) であったとされている．

第 15 講

位数の低い群

テーマ

- ◆ 群の直積
- ◆ 巡回群の直積
- ◆ 正 2 面体群 D_n
- ◆ 位数 $2p$ の群 (p：素数 $\neq 2$)
- ◆ 位数 p^2 の群 (p：素数)
- ◆ 4 元数群 Q
- ◆ 位数 8 の群
- ◆ (Tea Time) 位数 $\leqq 39$ までの異なる群の個数

まったく抽象的な公理を出発点としてスタートした群が，一体，どの程度公理によって規制され，どんな群が現実に登場してくるかということは，興味のあることである．しかしこのようなことは，一般には，見当もつかぬような難しい問題となる．ここでは特別な位数をもつ群について，これに関連することを述べておこう．その前に群の直積と，正 2 面体群について触れておく．

群の直積

2 つの群 G, H が与えられたとき，集合としての直積

$$G \times H = \{(g, h) \mid g \in G, h \in H\}$$

の中に，群の演算を

$$(g, h) \cdot (g', h') = (gg', hh')$$

として定義したものを，G と H の直積といい，やはり $G \times H$ で表わす．G と H の単位元をそれぞれ e, e' とすると，$G \times H$ の単位元は (e, e') であり，また (g, h) の逆元は (g^{-1}, h^{-1}) で与えられる．

G, H がともに有限群のときは，位数については

$$|G \times H| = |G||H|$$

が成り立つ.

巡回群の直積

位数 m の巡回群 $\boldsymbol{Z}_m$ と位数 n の巡回群 $\boldsymbol{Z}_n$ の直積 $\boldsymbol{Z}_m \times \boldsymbol{Z}_n$ は，一般には巡回群にならない．$\boldsymbol{Z}_m \times \boldsymbol{Z}_n$ が再び巡回群となる条件を明らかにしておこう.

> $\boldsymbol{Z}_m \times \boldsymbol{Z}_n$ が巡回群となるための必要かつ十分な条件は，m と n が互いに素な整数となっていることである.

【証明】 $\boldsymbol{Z}_m, \boldsymbol{Z}_n$ はいままで加群の形でかいてきたが，ここではそれと同型な乗法群の形で表わすことにしよう．$\boldsymbol{Z}_m, \boldsymbol{Z}_n$ の生成元を a, b とすると

$$\boldsymbol{Z}_m = \{e, a, a^2, \ldots, a^{m-1}\}, \quad a^m = e$$
$$\boldsymbol{Z}_n = \{e', b, b^2, \ldots, b^{n-1}\}, \quad b^n = e'$$

である.

いま，m と n を互いに素とする．このときこれらの生成元 a, b を‘座標’とする元 $c = (a, b) \in \boldsymbol{Z}_m \times \boldsymbol{Z}_n$ は，$\boldsymbol{Z}_m \times \boldsymbol{Z}_n$ を巡回群として生成することを示そう．m と n は素だから

$$mk + nl = 1$$

をみたす整数 k, l が存在する．このとき

$$c^{nl} = (a^{nl}, b^{nl}) = (a^{1-mk}, e') = (a, e')$$
$$c^{mk} = (a^{mk}, b^{mk}) = (e, b^{1-nl}) = (e, b)$$

したがって，c から生成される $\boldsymbol{Z}_m \times \boldsymbol{Z}_n$ の巡回部分群は $(a, e'), (e, b)$ を含み，したがってまた $\boldsymbol{Z}_m \times \{e'\}$, $\{e\} \times \boldsymbol{Z}_n$ を含む．この 2 つの群に属する元の積として $\boldsymbol{Z}_m \times \boldsymbol{Z}_n$ のすべての元が得られるのだから，結局，c から生成される巡回部分群は，$\boldsymbol{Z}_m \times \boldsymbol{Z}_n$ と一致しなくてはならない.

逆に，m と n が互いに素でないとする．m と n の共通の約数を $d\ (>1)$ とし

$$m' = \frac{m}{d}, \quad n' = \frac{n}{d}$$

とおく．このとき $\boldsymbol{Z}_m \times \boldsymbol{Z}_n$ の任意の元 $(\tilde{a}, \tilde{b})$ に対し

$$(\tilde{a}, \tilde{b})^{m'dn'} = (\tilde{a}^{mn'}, \tilde{b}^{m'n}) = (e, e')$$

したがって，$\boldsymbol{Z}_m \times \boldsymbol{Z}_n$ の任意の元の位数は，$m'dn'$ に等しいか，または小さい．$m'dn' < mn$ だから，$\boldsymbol{Z}_m \times \boldsymbol{Z}_n$ は巡回群にはなりえない (巡回群ならば，生成元となる元の位数は mn である！)． ∎

正 2 面体群 $\boldsymbol{D_n}$ $(\boldsymbol{n} \geqq 3)$

平面上の正 n 角形を，空間の中において，この正 n 角形の形を不変とするような空間の回転全体のつくる群を正 2 面体群といい，D_n で表わす．‘形を不変にする’といういい方と，‘正 2 面体’といういい方に多少の注があってもよいかもしれない．正 n 角形を空間におくと，表側だけではなくて裏側も見えてくる．‘形を保つ’とかいたのは，正 n 角形を，対称軸のまわりにぐるりと π だけまわして，裏返しにする変換も含まれているということである (図 27)．‘正 2 面体’とかいたのは，厚さはないが，表と裏の面があることを示唆している．

正 n 角形の中心を回転の中心とする $\dfrac{2\pi}{n}$ の回転 σ から生成された巡回群 (位数

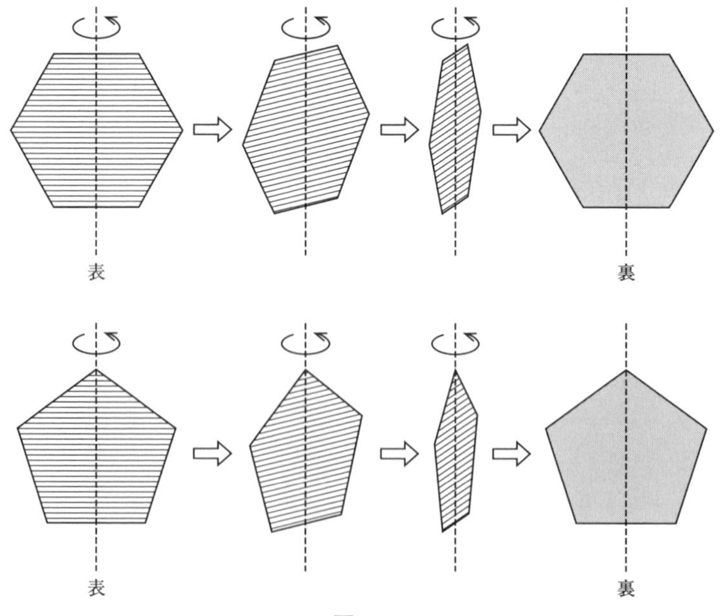

図 27

n) は，明らかに D_n の部分群となっている．一方，裏返しにするには，n が偶数ならば，相対する頂点を結ぶ対称軸のまわりに，n が奇数ならば，相対する頂点と辺の中点を結ぶ対称軸のまわりに，π だけ回転するとよい (図 27 参照)．この回転の 1 つを τ とする．

正 n 角形の形を保つ回転は，表と裏をそのまま保つ，$\dfrac{2\pi}{n}$ の回転の繰り返しか，一度 τ で裏返して，同様の回転をするかだけである．そのことから，D_n は

$$\begin{array}{ccccc} e, & \sigma, & \sigma^2, & \ldots, & \sigma^{n-1} \\ \tau, & \sigma\tau, & \sigma^2\tau, & \ldots, & \sigma^{n-1}\tau \end{array}$$

の $2n$ 個の元からなる群であることがわかる．σ と τ は

$$\sigma^n = e, \quad \tau^2 = e, \quad \sigma\tau\sigma\tau = e$$

をみたしている．

D_5 と実質的には同じ群は，すでに第 2 講の‘回転と反転’のところで登場していることを思い出しておこう．

位数が 14 までの群

位数 1 の群は単位元だけからなる群である．

第 9 講の定理から，位数が素数の群は巡回群である．したがって，位数が

$$2,\ 3,\ 5,\ 7,\ 11,\ 13$$

の群は巡回群である．一般に素数 p に対して，同型を除けば，位数 p の群は $\boldsymbol{Z}_p$ だけである．

以下で，位数 6, 10, 14 の群と，位数 4, 9 の群を，より一般的な立場から決定しよう．

また，位数 8 と位数 12 に対しては，どのような群があるか，その結果だけを述べることにしよう (位数 12 の群については，Tea Time で述べる)．

位数 $2p$ の群 ($p \neq 2$ は素数)

次の定理が成り立つ．

【定理】 p ($\neq 2$) が素数のとき，位数 $2p$ の群は，巡回群 $\boldsymbol{Z}_{2p}$ か，正 2 面体群 D_{2p}

である．

この定理によって，位数6 ($p=3$ のとき)，位数10 ($p=5$ のとき)，位数14 ($p=7$ のとき) の群が決定されたことになる．

【証明】 G を位数 $2p$ の群とする．第13講で述べたコーシーの定理によって，G の中に位数 p の元 g と，位数2の元 h が存在する．g から生成された p 次の巡回群を $\langle g\rangle$ とかくことにすると，部分群 $\langle g\rangle$ による右剰余類への分解によって

$$G=\langle g\rangle+\langle g\rangle h \tag{1}$$

と表わされる．したがって G の元は

$$e,\quad g,\quad g^2,\quad \ldots,\quad g^{p-1},\quad h,\quad gh,\quad g^2h,\quad \ldots,\quad g^{p-1}h$$

からなることがわかる．

ラグランジュの定理 (第8講) から，gh の位数は $|G|$ の約数であり，したがっていまの場合，2か $2p$ か p である．それぞれの場合にわけて考えてみよう．

(i)　gh の位数が2のとき

このときは

$$ghgh=e$$

となり，G は正2面体群 D_{2p} となる (正確には同型となる．しかし以下でいちいちこのことは断らない)．

(ii)　gh の位数が $2p$ のとき

このときは，G は，gh から生成された巡回群 $\boldsymbol{Z}_{2p}$ となる．

(iii)　gh の位数が p となることはない

$h\notin\langle g\rangle$ だから，G は左剰余類によって

$$G=\langle g\rangle+h\langle g\rangle \tag{2}$$

と表わされる．(1) と見比べて

$$\langle g\rangle h=h\langle g\rangle \tag{3}$$

が成り立つことがわかる．すなわち，集合として

$$\{h,gh,g^2h,\ldots,g^{p-1}h\}=\{h,hg,hg^2,\ldots,hg^{p-1}\}$$

が成り立つ．したがって，もし gh の位数が p であったと仮定すると，$(gh)^p=e$ だから

$$
\begin{aligned}
\langle g\rangle &= \langle g\rangle(gh)^p = \langle g\rangle ghghgh\cdots gh && (gh\text{ は }p\text{ 個})\\
&= \langle g\rangle hghgh\cdots gh && (\langle g\rangle g=\langle g\rangle\text{ による})\\
&= h\langle g\rangle ghgh\cdots gh && ((3)\text{ による})\\
&= h\langle g\rangle hgh\cdots gh && (\langle g\rangle g=\langle g\rangle\text{ による})\\
&= h^2\langle g\rangle gh\cdots gh && ((3)\text{ による})\\
&\cdots\cdots\cdots\\
&= h^p\langle g\rangle = h\langle g\rangle && (p\text{ が奇数で，}h\text{ の位数が }2)
\end{aligned}
$$

(2) を見てもわかるように，$\langle g\rangle$ と $h\langle g\rangle$ には共通な元がないのだから，これは矛盾である．したがって，gh の位数は p ではない．

(i)，(ii)，(iii) によって，定理は完全に証明された． ∎

位数 p^2 の群 (p は素数)

次の定理が成り立つ．

【定理】 p が素数のとき，位数 p^2 の群は，巡回群 $\boldsymbol{Z}_{p^2}$ か，$\boldsymbol{Z}_p\times\boldsymbol{Z}_p$ である．

この定理によって，位数 4 ($p=2$ のとき)，位数 9 ($p=3$ のとき) の群が決定されたことになる．

【証明】 群 G の位数を p^2 とする．位数 p^2 の元が 1 つでもあれば，G は巡回群となる．

そうでない場合を考えよう．そのときには G の単位元 e 以外の元はすべて位数 p をもつことになる．第 14 講の定理から，G の中心 Z は，単位元 e 以外の元を必ず含む．その元を g とし，次に

$$\langle g\rangle=\{e,g,g^2,\ldots,g^{p-1}\}$$

に属さない元 h をとる．このとき 2 つの部分群 $\langle g\rangle$ と $\langle h\rangle$ の共通元は e だけである．

なぜなら，もし，$g^m=h^n(1\leqq m,n<p)$ が成り立ったとすると，n と p は互いに素だから，$sn+tp=1$ をみたす整数 s,t が存在する．したがって $g^{sm}=h^{sn}$ から，$g^{sm}=h^{1-tp}=h$ が得られるが，これは，$h\notin\langle g\rangle$ に矛盾する．したがっ

て $\langle g\rangle \cap \langle h\rangle = \{e\}$ である．

$g \in \boldsymbol{Z}$ によって，g と h は可換だから，このことから容易に，G の元はただ1通りに

$$g^i h^j \quad (1 \leqq i, j \leqq p)$$

と表わされることがわかる．このことから，G は $\boldsymbol{Z}_p \times \boldsymbol{Z}_p$ となることが結論される． ▮

4元数群 Q

位数8の群の中には，4元数群とよばれる新しい群 Q が登場する．このことをまず述べておこう．

4元数は，複素数の拡張として，ハミルトンが見出したものであるが，それは

$$a + bi + cj + dk \quad (a, b, c, d \text{ は実数})$$

と表わされる数である．

$$\alpha = a + bi + cj + dk, \quad \alpha' = a' + b'i + c'j + d'k$$

に対して加法は

$$\alpha + \alpha' = (a + a') + (b + b')i + (c + c')j + (d + d')k$$

として定義する．乗法は

$$i^2 = j^2 = k^2 = -1, \quad ij = -ji = k$$

と分配則を用いて定義する．実際は

$$\begin{aligned}\alpha\alpha' = &(aa' - bb' - cc' - dd') + (ab' + a'b + cd' - c'd)i \\ &+ (ac' + a'c + d'b - db')j + (ad' + a'd + bc' - c'b)k\end{aligned}$$

というような複雑な式となる．

乗法単位 i, j, k の相互の積の規則だけを取り出してかいておくと

$$ij = -ji = k, \quad jk = -kj = i, \quad ki = -ik = j$$

となる．

【定義】 ± 1，$\pm i$，$\pm j$，$\pm k$ は，4元数の乗法規則によって群をつくる．この群を4元数群といって，Q で表わす．

Q は位数8の元であって，位数2の元は -1，位数4の元は $\pm i$，$\pm j$，$\pm k$ からなる．たとえば j の逆元は $-j$ である．

位数 8 の群

これは結果だけ述べよう．

【定理】 位数 8 の群は次の 5 つの群のどれか 1 つと同型になる：
巡回群 $\boldsymbol{Z}_8$，$\boldsymbol{Z}_4 \times \boldsymbol{Z}_2$，$\boldsymbol{Z}_2 \times \boldsymbol{Z}_2 \times \boldsymbol{Z}_2$，正 2 面体群 D_4，4 元数群 Q

Tea Time

位数 12 の群

読者は，位数 8 の群が上のように 5 つあることを知って，多いと感じられただろうか，それとも少ないと感じられただろうか．

位数 12 の群も，5 つのタイプの群しか現われてこない．それは，巡回群 $\boldsymbol{Z}_{12}$，$\boldsymbol{Z}_6 \times \boldsymbol{Z}_2$，正 2 面体群 D_6，それから位数 12 の dicyclic 群とよばれる群，それに 4 次の交代群 A_4 である．位数 12 の dicyclic 群とは，位数 6 の元と，位数 2 の元から生成される非可換群であって，4 元数群のある意味での拡張となっている群である．

なお，『数学辞典』(岩波書店) を見ると

位数 n	8	12	16	18	20	24	27	28	30	32	60
位数 n の群の個数	5	5	14	5	5	15	5	4	4	51	13

という表が，‘有限群’ の項に載せられている．

また群の位数 n が 2 つの異なる素数 p, q $(p > q)$ の積のときには，$p \not\equiv 1 \pmod{q}$ ならば巡回群だけ，$p \equiv 1 \pmod{q}$ ならば，巡回群ともう 1 つの非可換群の 2 つからなることが知られている．講義の中で述べたことと，上の表と，この結果を合わせると，位数 $\leqq 39$ までの群に対しては，同型でない群の個数がわかったことになる．

第 16 講

共　役　類

テーマ

- ◆ 共役類と中心化群
- ◆ 置換を巡回置換の積として表わす.
- ◆ 巡回置換としての表わし方
- ◆ S_7 の元の共役類
- ◆ (Tea Time) S_n の 1 つの元の共役類に含まれる元の個数

共役類と中心化群

この講では，群 G の自分自身の上への両側からの働き

$$\lambda_g(h) = ghg^{-1}$$

を考えることにし，G-軌道というときにはすべてこの働きに関するものとする (第 12 講参照).

【定義】 $a \in G$ に対し，a を含む G-軌道に属する元を a に共役な元という．a に共役な元全体のつくる集合を，a の共役類といい，$C(a)$ で表わす．$C(a)$ は要するに，a を含む G-軌道である．すなわち

$$b \in C(a) \Longleftrightarrow \text{ある } g \text{ があって } b = gag^{-1}$$

である.

$C(a)$ の一般的な性質は軌道としての性質から導かれるのであるが，念のため記しておこう．$b \in C(a)$ ならば，$a \in C(b)$ であることを注意しておこう．実際，

$$b \in C(a) \Longrightarrow b = gag^{-1} \Longrightarrow g^{-1}bg = a$$
$$\Longrightarrow g^{-1}b(g^{-1})^{-1} = a \Longrightarrow a \in C(b)$$

また $b \in C(a)$，$c \in C(b)$ ならば，$c \in C(a)$ である．実際，

$$b = gag^{-1}, \quad c = g'bg'^{-1} \Longrightarrow c = g'ga(g'g)^{-1}$$

となる．

さて，元 a の共役類 $C(a)$ が，a だけからなるということは，G のすべての元 g に対して，$gag^{-1}=a$ が成り立つということ，すなわち

$$ga = ag, \quad g \in G$$

が成り立つということである．第 14 講で述べた G の中心 Z の定義をみると，このことは

$$\boxed{C(a) = \{a\} \Longleftrightarrow a \in Z}$$

といってもよい．

共役類は G-軌道そのものなのだから，G-軌道による G の分解は，いまの場合

$$G = \bigcup_{a \in Z} \{a\} \cup C'(b) \cup C'(c) \cup \cdots$$

の形となる．ここで $C'(b)$, $C'(c)$ などは，少なくとも 2 つの元を含む共役類を示している．

G の任意の元をとり，それを $\tilde{a}$ で表わそう．考えている G の働き λ_g に対し，$\tilde{a}$ の固定部分群 $C_{\tilde{a}}$ は $\lambda_g(\tilde{a})=\tilde{a}$ なる元 g 全体，すなわち

$$C_{\tilde{a}} = \{g\,;\ g\tilde{a} = \tilde{a}g\}$$

で与えられる．

【定義】 $C_{\tilde{a}}$ を $\tilde{a}$ の中心化群という．

$\tilde{a} \neq e$ のとき，$C_{\tilde{a}}$ は少なくとも e と $\tilde{a}$ は含んでいるから $|C_{\tilde{a}}| \geqq 2$ であることを注意しておこう．

G が有限群のときには，軌道の一般論にしたがえば

$$\boxed{|G| = |C_{\tilde{a}}| \times (C(\tilde{a}) \text{ に含まれる元の個数}) \qquad (1)}$$

だから，$\tilde{a}$ の中心化群が大きくなると，$\tilde{a}$ の共役類は小さくなり——極端な場合，中心化群が G になると，$C(\tilde{a})$ は $\tilde{a}$ だけとなり ($\tilde{a} \in Z$ のとき)——，逆に $\tilde{a}$ の中心化群が小さくなると，$\tilde{a}$ の共役類は大きくなる．

置換を巡回置換の積として表わす

対称群 S_n の場合には，1 つの元の共役類がどのようなもので与えられるかを，

明示することができる．以下でこのことを述べてみたいのであるが，この話の中から共役類という概念がどのような考え方に根ざしているか，もう少しはっきりとしてくるのではないかと思う．

S_n の元は，$\{1, 2, \ldots, n\}$ の置換からなる．

共役類を決めるためには，置換を巡回置換の積として表わすという表わし方が大切な役目を演ずることになる．しかし，n が一般の場合に述べると，簡単なことがかえってわかりにくくなるかもしれない．ここでは $n = 7$ のとき，$\{1, 2, \ldots, 7\}$ の任意の置換

$$\begin{pmatrix} 1 & 2 & 3 & 4 & 5 & 6 & 7 \\ i_1 & i_2 & i_3 & i_4 & i_5 & i_6 & i_7 \end{pmatrix}$$

は巡回置換の積として表わされることを説明しよう．

まずいくつかの例をかく．

(i)　$\begin{pmatrix} 1 & 2 & 3 & 4 & 5 & 6 & 7 \\ 2 & 3 & 4 & 5 & 6 & 7 & 1 \end{pmatrix} = (1\ 2\ 3\ 4\ 5\ 6\ 7)$

(ii)　$\begin{pmatrix} 1 & 2 & 3 & 4 & 5 & 6 & 7 \\ 3 & 5 & 6 & 1 & 2 & 4 & 7 \end{pmatrix} = (1\ 3\ 6\ 4)(2\ 5)$

(iii)　$\begin{pmatrix} 1 & 2 & 3 & 4 & 5 & 6 & 7 \\ 3 & 4 & 1 & 2 & 6 & 7 & 5 \end{pmatrix} = (1\ 3)(2\ 4)(5\ 6\ 7)$

(iv)　$\begin{pmatrix} 1 & 2 & 3 & 4 & 5 & 6 & 7 \\ 7 & 6 & 2 & 3 & 1 & 4 & 5 \end{pmatrix} = (1\ 7\ 5)(2\ 6\ 4\ 3)$

右辺にかいてあるのが，巡回置換の表わし方で，(i) は，左辺の置換が

$$1 \to 2 \to 3 \to 4 \to 5 \to 6 \to 7 \to 1 \quad (\text{戻る})$$

という順で，すなわち 1 を 2 におきかえ，2 を 3 におきかえ，$\cdots$ というように，進行することを意味している．

(ii) は，左辺の置換が，2 つのサイクル $1 \to 3 \to 6 \to 4 \to 1$ (戻る) と $2 \to 5 \to 2$ (戻る) からなることを意味している．7 は，動かされないから，右辺のサイクルの表示の中には記していない．

(iii) の置換は，3 つのサイクル $1 \to 3 \to 1$，$2 \to 4 \to 2$，$5 \to 6 \to 7 \to 5$ からなる．

(iv) の置換は，2 つのサイクル $1 \to 7 \to 5 \to 1$，$2 \to 6 \to 4 \to 3 \to 2$ からなる．

S_7 に属するどのような置換も，このように‘巡回置換’の積として表わされることは明らかだろう．1 つの数を，順々におきかえていって，もとに戻ったところで 1 つのサイクル——巡回置換——が終るのである．次にこのサイクルに属さない数から出発して同じことを繰り返す．このようにして，任意の置換は，どの 2 つも共通の文字をもたない巡回置換の積として表わされる．

一般に，巡回置換を $(i_1\ i_2\ \cdots\ i_k)$ と表わしたとき，これを k 次の巡回置換という．たとえば (iii) は，2 つの 2 次の巡回置換と，3 次の巡回置換の積として表わされている．

巡回置換としての表わし方

簡単なことだが，次のことを注意しておこう．

(a)　k 次の巡回置換を表わす表わし方は k 通りある．

ここでいっていることは，たとえば 4 次の巡回置換 $(1\ 3\ 5\ 6)$ を表わす表わし方は

$$(1\ 3\ 5\ 6),\quad (3\ 5\ 6\ 1),\quad (5\ 6\ 1\ 3),\quad (6\ 1\ 3\ 5)$$

の 4 通りあるということである．確かにこの表わし方のすべては，$1 \to 3 \to 5 \to 6 \to 1$ の置換のサイクルを表わしている．

一般に，k 次の巡回置換は

$$(i_1\ i_2\ i_3\ \cdots\ i_k) = (i_2\ i_3\ \cdots\ i_k\ i_1) = (i_3\ \cdots\ i_k\ i_1\ i_2) = \cdots$$

と k 通りに表わされる．

(b)　1 つの置換を，巡回置換の積として表わすとき，積の順序をとりかえても結果は変わらない．

ここでいっていることは，たとえば (ii) では 2 通りの表わし方

$$(1\ 3\ 6\ 4)(2\ 5) = (2\ 5)(1\ 3\ 6\ 4)$$

があり，(iii) では，6 通りの表わし方

$$\begin{aligned}(1\ 3)(2\ 4)(5\ 6\ 7) &= (2\ 4)(1\ 3)(5\ 6\ 7) = (2\ 4)(5\ 6\ 7)(1\ 3)\\ &= (1\ 3)(5\ 6\ 7)(2\ 4) = (5\ 6\ 7)(1\ 3)(2\ 4) = (5\ 6\ 7)(2\ 4)(1\ 3)\end{aligned}$$

があるということである．

このことも，各サイクルごとの置換が指示されれば，全体の置換が決まるのだから，明らかなことである．

すぐに確かめられることだが，1つの置換を巡回置換の積として表わす，表わし方の多様性は，(a) と (b) だけから生じている．

このことから，改めて (i)，(ii)，(iii)，(iv) の置換をみると，

(i) を巡回置換として表わす表わし方は7通り

(ii) を巡回置換として表わす表わし方は

$$4 \times 2 \times 2 = 16 \text{ 通り}$$

(iii) は

$$2^2 \times 3 \times 3! \text{ 通り}$$

(iv) は

$$3 \times 4 \times 2 \text{ 通り}$$

あることがわかる．

S_7 の元の共役類

(iii) の置換

$$\sigma = (1\ 3)(2\ 4)(5\ 6\ 7)$$

の共役類がどのような置換からなるかを考えてみよう．そのため $\tau \in S_7$ を任意にとって

$$\tau = \begin{pmatrix} 1 & 2 & 3 & 4 & 5 & 6 & 7 \\ i_1 & i_2 & i_3 & i_4 & i_5 & i_6 & i_7 \end{pmatrix}$$

とおく．

そのとき，$\tau\sigma\tau^{-1}$ がどのように表わされるかみたいのであるが，それには次のような表をかいておくとよいかもしれない．

τ^{-1}	$\Longrightarrow$	σ	$\Longrightarrow$	τ
$i_1 \to 1,\ i_3 \to 3$		$1 \to 3 \to 1$		$i_1 \to i_3 \to i_1$
$i_2 \to 2,\ i_4 \to 4$		$2 \to 4 \to 2$		$i_2 \to i_4 \to i_2$
$i_5 \to 5,\ i_6 \to 6,\ i_7 \to 7$		$5 \to 6 \to 7 \to 5$		$i_5 \to i_6 \to i_7 \to i_5$

この表の 1 行目はたとえば次のように読む．τ^{-1} によって，i_1，i_3 はそれぞれ $1, 3$ におきかわる．次に σ によって $1, 3$ は $3, 1$ へとおきかわる．最後に τ によって 3 は i_3 へ，1 は i_1 へと巡回的におきかわる．

結局 $\tau\sigma\tau^{-1}$ は

$$\tau(1\ 3)(2\ 4)(5\ 6\ 7)\tau^{-1} = (i_1\ i_3)(i_2\ i_4)(i_5\ i_6\ i_7)$$

であることがわかった．

すなわち，σ を τ によって変換したものは，巡回置換として表わしたとき，単に k を i_k におきかえたものにすぎないのである．

逆に 2 つの 2 次の巡回置換と 1 つの 3 次の巡回置換の積として表わされる置換，たとえば

$$\tilde{\sigma} = (5\ 7)(6\ 4)(1\ 2\ 3)$$

は，σ の共役類に入っていることがわかる．実際 τ として

$$\tau = \begin{pmatrix} 1 & 2 & 3 & 4 & 5 & 6 & 7 \\ 5 & 6 & 7 & 4 & 1 & 2 & 3 \end{pmatrix}$$

をとると，$\tau\sigma\tau^{-1} = \tilde{\sigma}$ である．

このようにして，S_7 の共役類は，巡回置換の積として表わしたとき，その表わし方の 1 つのタイプと完全に 1 対 1 に対応することがわかる．たとえば

(i)　$(1\ 2\ 3\ 4\ 5\ 6\ 7)$ の共役類は

$$(i_1\ i_2\ i_3\ i_4\ i_5\ i_6\ i_7)$$

と表わされる置換全体からなる．

(ii)　$(1\ 3\ 6\ 4)(2\ 5)$ の共役類は

$$(i_1\ i_2\ i_3\ i_4)(i_5\ i_6)$$

と表わされる置換全体からなる．

(iii)　$(1\ 7\ 5)(2\ 6\ 4\ 3)$ の共役類は

$$(i_1\ i_2\ i_3)(i_4\ i_5\ i_6\ i_7)$$

と表わされる置換全体からなる．

Tea Time

S_n の 1 つの元の共役類に含まれる元の個数

せっかくここまで話したのに，S_7 の場合だけで話をとめてしまうのは，いかにも惜しいので，一般の S_n の場合に，1 つの置換 σ ($\in S_n$) の共役類の個数がどんな式で表わされるかを示しておこう．σ を，異なる文字だけしか現われない巡回置換の積として表わすとき，それぞれの巡回置換をどこにおくか，すなわち積の順序は関係しないから，まず 2 次の巡回置換，次に 3 次の巡回置換，次に 4 次の巡回置換と，順次このように積が現われるように並べかえておく．また，ふつうは記さない，動かされない元 (1 次の巡回置換！) もかいておくことにする．

σ の共役類は，巡回置換を表わすタイプだけで決まるから，σ のタイプをこのように整理して表わすと，σ のタイプは

$$\underbrace{\bullet\bullet\cdots\bullet}_{a_1}\underbrace{(\bullet\bullet)(\bullet\bullet)\cdots(\bullet\bullet)}_{a_2}\underbrace{(\bullet\bullet\bullet)(\bullet\bullet\bullet)\cdots(\bullet\bullet\bullet)}_{a_3}$$

$$\cdots\underbrace{(\bullet\bullet\cdots\bullet)(\bullet\bullet\cdots\bullet)\cdots(\bullet\bullet\cdots\bullet)}_{a_n} \qquad (*)$$

と表わされる．ここで $a_1, a_2, \ldots, a_n$ の中には 0 のものもある．a_k が 0 ならば，上の表示で，a_k の部分――k 次の巡回置換――は 1 つも現われないとする．その約束のもとで，上の表示は，置換 σ は，a_1 個の元は動かさず，2 次の巡回置換を a_2 個，3 次の巡回置換を a_3 個，... 含んでいることを意味している．

さて，このタイプに属する S_n の元がどれだけあるかがわかれば，それが σ の共役類の個数ということになる．$\{1, 2, \ldots, n\}$ をいろいろに並びかえて――$n!$ 通り――その順で，$(*)$ のカッコの中に配置すると，σ と同じタイプをもつ置換が得られる．

たとえば‘並びかえ’

$$\begin{pmatrix} 1 & 2 & \cdots & n \\ i_1 & i_2 & \cdots & i_n \end{pmatrix}$$

に対しては

$$i_1 i_2 \cdots i_{a_1}(i_{a_1+1} \quad i_{a_1+2})\cdots(i_{a_1+a_2+1} \quad \cdots)\cdots$$

と配置するのである．

このとき，$\{1, 2, \ldots, n\}$ の並べ方としては違うけれど，$(*)$ に配置したときには，同じ置換を表わすものがいくつあるかを調べてみるとよい．

まず，最初の a_1 のところで，1 つの並べ方を $a_1!$ 通り入れかえても，置換としては変わらない．

次に 2 次の巡回置換のところでは，カッコの順番をとりかえるところで $a_2!$，a_2 個のそれぞれのカッコの中で $(i_1\ i_2)$ を $(i_2\ i_1)$ と入れかえてよいから 2^{a_2} 通り，全体として，1 つの並べ方を

$$2^{a_2}a_2! \text{ 通り}$$

だけ入れかえても，置換としては変わらない．

同様に考えると，3 次の巡回置換のところでは，カッコの順番の入れかえから $a_3!$ 通り，a_3 個のそれぞれのカッコの中で $(i_1\ i_2\ i_3)$ を $(i_2\ i_3\ i_1)$，$(i_3\ i_1\ i_2)$ と入れかえることで 3 通り，合わせて全体で

$$3^{a_3}a_3! \text{ 通り}$$

が，1 つの置換を表わしている．

このようにして結局，$n!$ の並べ方を $(*)$ に配置したとき，それぞれが

$$a_1! \times 2^{a_2}a_2! \times 3^{a_3}a_3! \times \cdots \times n^{a_n}a_n!$$

だけ重複して，1 つの置換を表わしていることがわかる．ここで $a_k = 0$ のときには，$a_k! = 0! = 1$ とおいてある．

この結果によって私たちは，σ の共役類に属する置換の総数が

$$\frac{n!}{a_1! \times 2^{a_2}a_2! \times 3^{a_3}a_3! \times \cdots \times n^{a_n}a_n!}$$

となることがわかったのである．講義を参照してみると，この分母に現われた数は，ちょうど σ の中心化群 C_σ の位数を与えていることもわかる．

第 17 講

共役な部分群と正規部分群

テーマ

- ◆ 群の部分群の集合の上への働き
- ◆ 共役な部分群，正規化群
- ◆ 正規部分群
- ◆ 正規部分群による商群
- ◆ 可換群の場合

群の部分群の集合の上への働き

群は，実にいろいろなところに働くのである.

いま群 G が与えられたとし，G の部分群全体のつくる集合を $\mathscr{M}$ とする．$\mathscr{M}$ に属する元 (G の部分群！) H に対し，G の働きを

$$g: H \longrightarrow gHg^{-1}$$

と定義すると，G は $\mathscr{M}$ に働いているのである.

ここで，gHg^{-1} とかいたのは，もちろん

$$ghg^{-1} \quad (h \in H)$$

と表わされる，G の元全体からなる部分集合を表わしている．上の g の働きが，実際 G の $\mathscr{M}$ 上への働きとなっていることを示すには，gHg^{-1} が，再び G の部分群となっていることをみるとよい.

$a_1, a_2 \in gHg^{-1}$ とすると，$a_1 = gh_1g^{-1}$，$a_2 = gh_2g^{-1}$ と表わされ，したがって

$$a_1a_2 = gh_1g^{-1}gh_2g^{-1} = gh_1h_2g^{-1} \in gHg^{-1}$$

また $a \in gHg^{-1}$ とすると，$a = ghg^{-1}$ ($h \in H$) と表わされている．したがって

$$a^{-1} = (ghg^{-1})^{-1} = gh^{-1}g^{-1} \in gHg^{-1}$$

このようにして前講で考察した，G 上への G の働き

$$\lambda_g(h) = ghg^{-1}$$

は，そのまま，部分群のつくる集合 $\mathscr{M}$ 上への働きも与えているのである．したがって，前講で述べた概念のいくつかは，同様な形で部分群に対しても成り立つことになる．

G の元 a に対して共役である元，という概念に対応するものは次のようになる．

【定義】 G の部分群 H に対し，適当な G の元 g をとると gHg^{-1} と表わされる部分群を，H に共役な部分群であるという．

G の $\mathscr{M}$ への働きに対し，H の軌道は，H と共役な部分群全体からなっている．

G の元 $\tilde{a}$ の中心化群 $C_{\tilde{a}}$ に対応する概念は次のようになる．

【定義】 $N(H)=\{g \mid gHg^{-1}=H\}$ とおき，$N(H)$ を，H の正規化群という．

$N(H)$ は，G の $\mathscr{M}$ への働きに対し，H の固定部分群となっている．また，$h \in H$ ならば，$hHh^{-1}=H$ は明らかだから (H は部分群！)，H の元はすべて $N(H)$ に属している．したがって

$$H \subset N(H) \tag{1}$$

である．

G が有限群ならば，$N(H)$ はもちろん有限群であって，前講の (1) に対応して

$$|G|=|N(H)| \times (H \text{ に共役な部分群の個数}) \tag{2}$$

という関係が成り立つ．

(1) と (2) により，次の結果が得られる．

$$\{H \text{ に共役な部分群の個数}\} \leqq |G:H| \tag{3}$$

ここで $|G:H|$ は G の H による指数である (第 8 講の Tea Time 参照)．なぜなら (1) から

$$|H| \leqq |N(H)|$$

であり，一方，

$$|G|=|H| \times |G:H|$$

が成り立つから，(2) と見比べて (3) が成り立つことがわかる．

正規部分群

G の $\mathscr{M}$ への働きで，特に軌道が 1 つの元からなるものが重要である．それは次の定義で述べられている正規部分群にほかならない．

【定義】 G の部分群 H で，すべての $g \in G$ に対して

$$gHg^{-1} = H$$

が成り立つとき，H を G の正規部分群という．

まず簡単な注意を与えておこう．一般に G の 2 つの部分集合 A, B があったとき

$$Ag = \{ag \mid a \in A\}, \quad Bg = \{bg \mid b \in B\}$$

とおくと，

$$A \subset B \Longrightarrow Ag \subset Bg, \quad gA \subset gB$$

である．また明らかに

$$A = B \Longrightarrow Ag = Bg, \quad gA = gB$$

さて，H を G の正規部分群とすると

$$gHg^{-1} = H \tag{4}$$

が成り立つが，この両辺に右から g をかけて

$$gH = Hg \tag{5}$$

となる．逆に (5) の両辺に右から g^{-1} をかけると (4) が得られる．

(4) と (5) を合わせて

H が G の正規部分群 $\Longleftrightarrow$ すべての g に対して $gH = Hg$

が得られた．

なお，正規部分群の定義は，見かけ上少し弱く，すべての $g \in G$ に対して

$$gHg^{-1} \subset H$$

とかいてもよい．なぜなら，この式を g^{-1} に適用すると

$$g^{-1}Hg \subset H$$

が得られて，これから逆の包含関係

$$H \subset gHg^{-1}$$

も得られるからである.

G/H は群となる

上の (5) で述べたことは，H が G の正規部分群のとき，g を含む H の左剰余類は，g を含む H の右剰余類と一致するということである．したがって，H が G の正規部分群のときには，右，左をつけなくて単に，G の H による剰余類といってもよいことになる.

さて，このことから

$$aHb = abH \tag{6}$$

が成り立つ.

この式をもう少し丁寧にかくと次のようになる．Hb から元 hb をとると，(5) からある $h' \in H$ が存在して，$hb = bh'$ となる．したがって $ahb = abh'$ となり，$aHb \subset abH$ となる．同様にして $aHb \supset abH$ もいえるから，これで (6) が成り立つことがわかる.

一般に

H が部分群ならば，$H^2 = H$ が成り立つ.

この表わし方も簡単にすぎるかもしれない．H^2 とかいたのは

$$H^2 = HH = \{hh' \mid h, h' \in H\}$$

の意味であって，H^2 は H からとった 2 つの元の積として表わされる，元の集合である.

【証明】 単位元 e は H に含まれているから，$h \in H$ に対し

$$h = he \in H^2$$

したがって $H \subset H^2$．逆に，H は群だから $h, h' \in H$ に対し，$hh' \in H$．したがって $H^2 \subset H$．ゆえに $H = H^2$.

> H を G の正規部分群とすると
> $$aHbH = abH$$
> 特に
> $$aHa^{-1}H = H$$

実際，$H^2 = H$ と (6) を用いると

$$aHbH = abH^2 = abH$$

となる．特に $aHa^{-1}H = aa^{-1}H = eH = H$ である．

このことは，G の H による剰余類の集合 G/H が，演算

$$aHbH = abH$$

によって群をつくることを示している．

単位元は，e を含む剰余類 H である．

aH の逆元は $a^{-1}H$ である．

【定義】 H が G の正規部分群のとき，このようにして得られた群 G/H を，G の H による商群という．

G/H は，H による G の剰余類のつくる群なのだから，G が有限群の場合，位数については，つねに

$$|G/H| \leqq |G|$$

が成り立つわけであって，さらにラグランジュの定理 (第 8 講) から，関係式

$$|G| = |H| \times |G/H|$$

が成り立つこともわかる．特に，群 G/H の位数は，G の位数の約数である．

可換群のとき

G が可換群のときには，群の演算は，右からかけても，左からかけてもよいのだから，G の任意の部分群 H に対し，$gH = Hg$ $(g \in G)$ が成り立つことは明らかである．したがって

> G が可換群のときには，G の任意の部分群は正規部分群となる．

最も簡単な，しかし最も基本的な例として，整数のつくる加群 $\boldsymbol{Z}$ を考えてみ

よう．

$\boldsymbol{Z}$ の演算は，加群として，加法 $+$ で表わすことにする．任意に整数 n をとると，n の倍数全体は $\boldsymbol{Z}$ の部分群をつくる．それを $n\boldsymbol{Z}$ と表わす：

$$n\boldsymbol{Z} = \{nk \mid k = 0, \pm 1, \pm 2, \ldots\}$$

$n\boldsymbol{Z}$ が部分群であることは，$nk + nk' = n(k + k')$ から容易にわかる．

$n = 0$ のときは，$n\boldsymbol{Z}$ は，単位元 0 だけからなり，商群 $\boldsymbol{Z}/n\boldsymbol{Z}$ といっても，$\boldsymbol{Z}$ と変わらない．また $n = 1$ のときは，$n\boldsymbol{Z} = \boldsymbol{Z}$ となり，商群 $\boldsymbol{Z}/n\boldsymbol{Z}$ は，$\boldsymbol{Z}/\boldsymbol{Z} = \{0\}$ となる．この 2 つの場合は，つまらない．

明らかに，$n\boldsymbol{Z} = (-n)\boldsymbol{Z}$ だから，$n > 1$ のときを考えよう．

商群 $\boldsymbol{Z}/n\boldsymbol{Z}$ は，$\boldsymbol{Z}_n$ に同型である．

【証明】 $\boldsymbol{Z}$ の $n\boldsymbol{Z}$ による剰余類は，0 を含む —— 一般には n の倍数を含む —— 剰余類 $[0]$ と，1 を含む剰余類 $[1]$ と，…，$n-1$ を含む剰余類 $[n-1]$ とからなる．

$$\boldsymbol{Z} = [0] + [1] + [2] + \cdots + [n-1]$$

である．商群の定義から，$[k] + [l]$ は，$k + l$ を含む剰余類 $k + l + n\boldsymbol{Z}$ である．$k + l$ を n で割って $k + l = qn + r$ $(0 \leqq r < n)$ とおくと，

$$[k] + [l] = [k + l] = [qn + r] = [r]$$

となる．

この演算規則は，明らかに n 次の巡回群 $\boldsymbol{Z}_n$ (平面上の $\dfrac{2\pi}{n}$ の回転から生成された群！) と同型である．これで証明された． ∎

Tea Time

数直線と円周

数直線 $\boldsymbol{R}$ を，一本の長い長い糸と思って，丸い糸巻きにこの糸をぐるぐる巻いていく様子を想像してみよう．群の観点からは，この状況を次のようにみることができる．$\boldsymbol{R}$ を実数のつくる加群とすると，整数のつくる加群 $\boldsymbol{Z}$ は $\boldsymbol{R}$ の部分群

となっている．商群 $\boldsymbol{R}/\boldsymbol{Z}$ の元は，x $(\in \boldsymbol{R})$ を含む同値類 $[x]=x+\boldsymbol{Z}$ で与えられている．あるいは少し見方をかえると，$\ldots$, $x-2$, $x-1$, x, $x+1$, $x+2$, $\ldots$ をすべて重ねて 1 点としたものが，同値類 $[x]$ を表わしていると考えてもよい．これはちょうど，半径 $\frac{1}{2\pi}$ (この円周の長さ 1) の円を糸巻きと思って，$\boldsymbol{R}$ をこの糸巻きにぐるぐる重ねて巻きつけている感じとなっている．$\boldsymbol{R}/\boldsymbol{Z}$ はこの場合，糸巻きの円周上の回転群として実現されているとみることができる．

質問　2 つの整数 3 と 24 を比べると，24 は 3 に比べて大きいのですが，$3\boldsymbol{Z}$ と $24\boldsymbol{Z}$ を比べてみると，24 の倍数は，3 の倍数の中の一部分ですから，$3\boldsymbol{Z}$ の方が集合として $24\boldsymbol{Z}$ より大きくなっています．僕のいいたいことは，これは質問とはいえないのかもしれませんが，$3<24$ という大小関係と，$3\boldsymbol{Z} \supset 24\boldsymbol{Z}$ という包含関係が逆になったようで，何だか妙な気がするということです．

答　確かに，最初は少し妙な気がするかもしれない．しかし，3 と 13 を考えてみると，$3<13$ だけれど，$3\boldsymbol{Z}$ と $13\boldsymbol{Z}$ には集合の包含関係はない．その意味では，数の大小関係 $<$ がそのまま，集合の包含関係 $\supset$ に移されていくわけではない．2 つの数，m と n があって，n が m の倍数のときに限って $m\boldsymbol{Z} \supset n\boldsymbol{Z}$ となるのである．むしろ倍数，約数の関係が，集合の包含関係 $\supset$ に翻訳されていると考えた方がよい．

なお，6 は 3 の倍数で 24 は 6 の倍数である．この関係は $3\boldsymbol{Z} \supset 6\boldsymbol{Z}$, $6\boldsymbol{Z} \supset 24\boldsymbol{Z}$ と表わされる．$6\boldsymbol{Z}$ は $3\boldsymbol{Z}$ の部分群で，$24\boldsymbol{Z}$ は $6\boldsymbol{Z}$ の部分群となっている．このとき

$$3\boldsymbol{Z}/6\boldsymbol{Z} \cong \boldsymbol{Z}_2, \quad 6\boldsymbol{Z}/24\boldsymbol{Z} \cong \boldsymbol{Z}_4$$

という同型対応が成り立つ．

第18講

正規部分群

テーマ
- ◆ 単純群
- ◆ 正規部分群についての簡単な結果
- ◆ 巡回群が単純群となるのは，位数が素数のときに限る.
- ◆ 対称群と交代群
- ◆ 組成列
- ◆ ジョルダン・ヘルダーの定理
- ◆ (Tea Time) 単純群の分類理論

単純群

群 G と，その部分群 H が与えられたとき，H が G の正規部分群となっているかどうかを見定めることは，一般にはなかなか容易なことではない．なぜかというと，定義にしたがえば，G の 1 つ 1 つの元 g に対して

$$gHg^{-1} = H$$

を確かめなくてはいけないからである.

どんな群でも，単位元だけからなる部分群と，G 全体を 1 つの部分群と考えたものは，必ず G の正規部分群となっている．これ以外——すなわち $\{e\}$ と G 以外——には正規部分群をもたない群も存在する．そのような群を単純群という.

単純群はどんなものがあるかということは，有限群論の歴史の中で，止まることなく流れ続けた大問題であった．実際，有限群論の発祥の地であった，方程式論におけるガロア理論において，5 次以上の方程式にはベキ根による代数的解法は一般には存在しないことを示した根拠は，$n \geqq 5$ のとき，交代群 A_n は単純群であるという事実であった.

単純群の歴史を語ることは，有限群論の歴史を語るようなものであるが，有限群論の専門家でもない私には，とてもその歴史を立ち入って述べることなどできないことであ

る．Tea Time で簡単に触れることにしよう．

記　号

H が G の正規部分群であることを表わすのに，

$$H \triangleleft G, \text{ または } G \triangleright H$$

という記号を用いるのが慣例のようである．この少し奇妙な記号がいつ頃から定着したものか，私は詳しいことは知らない．

いくつかの簡単な事実

(I)　群 G の中心 Z は，G の正規部分群である．

このことは，$x \in Z$ に対し，$gxg^{-1} = x$ であり，したがって $gZg^{-1} = Z$ となるからである．

したがって，第14講で述べた定理，'G の位数が素数のベキならば，$Z \neq \{e\}$' は，非可換群 G の位数が素数のベキのときには，G は単純群でないことを示している．

(II)　部分群 H に含まれる最大の正規部分群は

$$\bigcap_{g \in G} gHg^{-1}$$

で与えられる．

【証明】　$\tilde{H} = \bigcap_{g \in G} gHg^{-1}$ とおく．

$$\begin{aligned} a, b \in \tilde{H} &\Longrightarrow a, b \in gHg^{-1} \Longrightarrow ab \in gHg^{-1}gHg^{-1} \\ &\Longrightarrow ab \in gH^2g^{-1} \Longrightarrow ab \in gHg^{-1} \end{aligned}$$

g は任意でよかったから，$ab \in \bigcap gHg^{-1} = \tilde{H}$ となる．また

$$a \in \tilde{H} \Longrightarrow a \in gHg^{-1} \Longrightarrow a^{-1} \in g^{-1}H(g^{-1})^{-1}$$

g は任意でよかったから，このことは $a^{-1} \in \bigcap gHg^{-1} = \tilde{H}$ を示している．

このことから $\tilde{H}$ は G の部分群となっていることがわかる．$\tilde{H} \triangleleft G$ のことは，任意の $\tilde{g} \in G$ に対し

$$\begin{aligned} \tilde{g}\tilde{H}\tilde{g}^{-1} &= \bigcap_{g \in G} (\tilde{g}g)H(\tilde{g}g)^{-1} = \bigcap_{h \in G} hHh^{-1} \quad (h = \tilde{g}g) \\ &= \tilde{H} \end{aligned}$$

が成り立つことからわかる.

したがって $\tilde{H}$ は H に含まれる正規部分群である. $\tilde{H}$ が H に含まれていることは, $\tilde{H} \subset eHe^{-1} = H$ による.

$\tilde{H}$ が H に含まれる最大の正規部分群であることを示すために, H に含まれる G の正規部分群 K をとる. このとき $K \subset H$ により

$$K = gKg^{-1} \subset gHg^{-1}$$

この式がすべて $g \in G$ で成り立つから

$$K \subset \bigcap_{g \in G} gHg^{-1} = \tilde{H}$$

これで $\tilde{H}$ が H に含まれる最大の正規部分群であることが示された. ∎

(III) H と K が G の正規部分群ならば, 共通部分 $H \cap K$ も, G の正規部分群である.

【証明】 $H \cap K$ が部分群となることは, すぐにわかる. 正規部分群となることは

$$a \in H \cap K \Longrightarrow a \in H,\ a \in K$$

したがって, 任意の $g \in G$ に対し

$$\begin{aligned} &gag^{-1} \in gHg^{-1} = H, \quad gag^{-1} \in gKg^{-1} = K \\ &\qquad \Longrightarrow gag^{-1} \in H \cap K \end{aligned}$$

これから

$$g(H \cap K)g^{-1} \subset H \cap K$$

が得られる. この包含関係からまた $H \cap K \subset g^{-1}(H \cap K)g$ も得られて, $g \in G$ が任意だったことに注意すると, 結局

$$g(H \cap K)g^{-1} = H \cap K \quad (g \in G)$$

となり, $H \cap K \triangleleft G$ が示された. ∎

(IV) 部分群 H に対し, H の正規化群を $N(H)$ とする. このとき $H \triangleleft N(H)$.

このことは, 正規化群の定義 (123 頁) からすぐにわかることであって, また正規化群という言葉の由来も明らかにしている.

巡　回　群

> 位数 n の巡回群 G が単純群となるのは，n が素数のとき，かつそのときに限る．

【証明】 n が素数でないとして，$n = pr$ (p は素数，$r > 1$) と表わすと，a^r は位数 p の G の部分群 (G は可換だから当然正規部分群！) を生成する．

逆に G の位数が p ならば，G の任意の元 x $(\neq e)$ の位数は p であり，したがって G の部分群は，G と $\{e\}$ だけである． ∎

交　代　群

> n 次の交代群 A_n は，対称群 S_n の正規部分群である．

【証明】 交代群 A_n は，n 次の偶置換全体のつくる群であったことを思い出しておこう．任意に $\tau \in S_n$ をとると，τ が偶置換か奇置換であるかにしたがって，τ^{-1} も偶置換か奇置換となり，したがって $\sigma \in A_n$ に対して

$$\tau\sigma\tau^{-1}$$

の偶，奇は，(偶) × (偶) × (偶) か，(奇) × (偶) × (奇) となって，いずれにしても偶置換となっている．すなわち

$$\tau A_n \tau^{-1} \subset A_n \quad (\tau \in S_n)$$

となって，A_n は S_n の正規部分群である． ∎

商群 S_n/A_n は位数が 2 の巡回群 $\boldsymbol{Z}_2$ と同型になる．この対応は，A_n を 0 に，剰余類 $(1\ 2)A_n$ を 1 に対応させることにより得られる ($(1\ 2)$ は互換を表わしている)．

組　成　列

G を有限群としよう．G と異なる正規部分群 H で，G と H の間には，G の正規部分群は存在しないものをとる．すなわち H は条件

$$G \triangleright K \text{ で } G \supsetneqq K \supsetneqq H \text{ となる } K \text{ は存在しない}$$

をみたす G の正規分布群とする．

このような正規部分群 H が存在することは，G の正規部分群が高々有限個しかないことからわかる．たとえば H として，G と異なる正規部分群の中で最大位数をもつものをとるとよい．

このとき次のことが成り立つ．

(♯)　G/H は単純群である．

【証明】 G から G/H への写像 π を $\pi(a) = aH$ で定義する．π は G から G/H への準同型写像 (第 12 講参照) となっている．実際

$$\pi(ab) = abH = aHbH = \pi(a)\pi(b)$$

が成り立つ．

もし G/H が単純群でないとすると，群 G/H の単位元とも全体とも一致しない正規部分群 N' が存在することになる．このとき

$$N = \{x \mid \pi(x) \in N'\}$$

とおくと，N は G の正規部分群となる．まず，部分群となることは，$x, y \in N \Rightarrow \pi(xy) = \pi(x)\pi(y) \in N' \Rightarrow xy \in N$；$\pi(x^{-1}) = \pi(x)^{-1} \in N' \Rightarrow x^{-1} \in N$ となるからである．N が正規のことは，任意の $g \in G$ と $x \in N$ に対し，

$$\pi(gxg^{-1}) = \pi(g)\pi(x)\pi(g)^{-1} \in \pi(g)N'\pi(g)^{-1} = N'$$

から，$gxg^{-1} \in N$ が得られるからである．$\pi(N) = N'$ により，N は，H と G の間にある正規部分群であることがわかり，これは H のとり方に矛盾する．したがって G/H は単純群となる． ∎

次に，この群 H に注目し，H の中で，$H \triangleright K$ で，H と K の間には H の正規部分群がないような K をとる．K は，いわば H の中の‘極大な’正規部分群である．もしこのような K が単位元 $\{e\}$ しかなければ，H 自身が単純群である (上の (♯) でも，$H = \{e\}$ ならば，G 自身が単純群となっている！)．そうでなければ，K に関して同じ考えを適用して，K に含まれる‘極大な’K の正規部分群をとることができる．この操作を繰り返していくと，やがて‘極大な’正規部分群が $\{e\}$ しかないもの——単純群——に突き当って，そこでこの操作は終了することになるだろう．

このような考えに導かれて次の定義をおく．

【定義】 有限群 G の相異なる部分群の系列

$$G = H_0 \supset H_1 \supset H_2 \supset \cdots \supset H_{r-1} \supset H_r = \{e\} \tag{1}$$

が次の条件 (C) をみたすとき，この系列を G の組成列という：

(C)　$H_{i-1} \triangleright H_i$ $(i=1,2,\ldots,r)$ であって，H_{i-1} と H_i の間には H_i の正規部分群は存在しない．

組成列が与えられると，対応して商群の系列

$$G/H_1, \quad H_1/H_2, \quad H_2/H_3, \quad \ldots, \quad H_{r-1}/H_r = H_r$$

が得られる．(♯) から，これらはすべて単純群である．

組成列の例を少しあげておこう．

【例 1】　3 次の対称群 S_3 に対しては

$$S_3 \supset A_3 \supset \{e\}$$

が組成列となる．S_3/A_3 は位数が 2，A_3 は位数が 3 の巡回群で，単純群である．

【例 2】　4 次の対称群 S_4 では

$$H = \{1, (1\ 2)(3\ 4), (1\ 3)(2\ 4), (1\ 4)(2\ 3)\}$$

$$K = \{1, (1\ 2)(3\ 4)\}$$

とおくと，

$$S_4 \supset A_4 \supset H \supset K \supset \{e\}$$

は組成列となる．H は，クラインの 4 元群と同型である．

$$S_4/A_4, \quad A_4/H, \quad H/K, \quad K$$

は，それぞれ，位数 2, 3, 2, 2 の単純群である．

【例 3】　$n \geqq 5$ のとき，A_n は単純群であり，したがって

$$S_n \supset A_n \supset \{e\}$$

が組成列となる (この証明は省略する)．

【例 4】　G を位数 n の巡回群とし，a をその生成元とする．n を素数の積として

$$n = p_1 p_2 \cdots p_r$$

として表わす．このとき $H_0 = G$ とし，H_1 を a^{p_1} から生成される巡回部分群，H_2 を $a^{p_1 p_2}$ から生成される巡回部分群，$\ldots$，H_i を $a^{p_1 p_2 \cdots p_i}$ から生成される巡回部分群，$\ldots$ とすると

$$G = H_0 \supset H_1 \supset H_2 \supset \cdots \supset H_r = \{e\}$$

は，G の組成列となる．H_i/H_{i+1} は位数 p_i の巡回群で，したがってまた単純群

になっている.

ジョルダン・ヘルダーの定理

上の例 4 で，たとえば $n=30$ のとき，30 を

$$30 = 2 \cdot 3 \cdot 5$$

と表わすか

$$30 = 5 \cdot 3 \cdot 2$$

と表わすかによって，G の組成列は変わってくる．このことからもわかるように，群 G の組成列は 1 通りに決まるとは限らない.

これについて，有名なジョルダン・ヘルダーの定理がある.

【定理】 有限群 G の 2 つの組成列を

$$G = H_0 \supset H_1 \supset H_2 \supset \ldots \supset H_r = \{e\}$$

$$G = K_0 \supset K_1 \supset K_2 \supset \ldots \supset K_s = \{e\}$$

とすると，$r=s$ である．商群 H_{i-1}/H_i と K_{i-1}/K_i とは適当な順序で，1 対 1 に対応し合って，互いに同型となる.

すなわち，群 G の組成列の長さはつねに一定であって，組成列に対応して得られる商群の系列

$$H_0/H_1, \quad H_1/H_2, \quad \ldots, \quad H_{r-1}/H_r$$

も，順序を除けばただ 1 通りに決まるのである.

この定理の証明はここでは省略しよう.

Tea Time

単純群について

組成列の定義の中にかいてある系列 (1) を，右の単位元の方から見ていくと，各 H_{i-1}/H_i は単純群だから，単純群 H_{r-1} から出発して，順次，いわば商群を通し

て積み重ねていくと，'単純群の塔'として，有限群 G が最後に得られることがわかる．単純群は，その意味では，有限群を形づくる石材のようなものである．

単純群にどのようなものがあるか，それらは実際，完全に分類されるようなものなのか，どうかということは，実に深い問題であって，数学者の興味をそそってきた．しかし，少なくとも20世紀前半には，その最終的な解答についてはまだ予想も立てられず，何世紀にもわたる懸案の問題となるだろうと，漠然と考えられていた．ところが，1982年になって，すべてが完全に解決されてしまった．単純群が，すべて求められたのである！ この単純群の分類理論に全部証明をつけて著わすと，優に5000頁を越すという．ふつうの数学書は大体300頁くらいだから，この理論の解明だけに10数巻の数学書が必要だということになる．現代数学が営々として築き上げた，壮麗な演繹体系の一面をうかがわせる，恐るべき成功といわなくてはならないだろう．

このようにして得られた，単純群の分類の結果についてごく常識的にかくと，単純群には4つのタイプがある．

(1)　素数 p の巡回群

(2)　$n \geqq 5$ のときの交代群 A_n

(3)　有限体上の線形群から得られるリー型とよばれる単純群

(4)　散在的単純群26個

この(4)の26個の散在的単純群の存在は，それぞれに謎めいている．その中には，すでにマシュー(Mathieu, 1835–1890)が，1861年と1873年の論文の中で与えた特別な性質をもつ(4重可遷，5重可遷)置換群4個およびその部分群1個——マシュー群——が含まれている．

いかに散在的か(！)ということは，これら5個のマシュー群とよばれる単純群の位数が

$$7920, \quad 95040, \quad 443520, \quad 10200960, \quad 244823040$$

であることからも推察される．

26個の散在的単純群の中で，最も位数の大きい群はMonster Groupとよばれている．その位数は

$$2^{41} \cdot 3^{13} \cdot 5^{6} \cdot 7^{2} \cdot 11 \cdot 13 \cdot 19 \cdot 23 \cdot 31 \cdot 47$$

であって，実際計算すると54桁の数となる(なお，もっと詳しいことを知りたい読者は，『数学事典』(岩波書店，第3版)'有限群'の項を参照されるとよい)．

第 19 講

準同型定理

テーマ

- ◆ 準同型写像
- ◆ 準同型写像の核
- ◆ 逆像
- ◆ 部分群の対応
- ◆ 準同型定理
- ◆ 第 1 同型定理，第 2 同型定理

準同型写像

群 G から群 G' への準同型写像の定義は第 12 講で与えてある．G から G' への写像 Φ が準同型写像であるとは，$a, b \in G$ に対し

$$\Phi(ab) = \Phi(a)\Phi(b) \tag{1}$$

が成り立つということであった．このとき G の単位元 e は，G' の単位元 e' へと移っている：

$$\Phi(e) = e'$$

また，a の逆元 a^{-1} は，Φ によって，$\Phi(a)$ の逆元 $\Phi(a)^{-1}$ へと移っている：

$$\Phi(a^{-1}) = \Phi(a)^{-1} \tag{2}$$

準同型写像の核

G から G' への準同型写像 Φ が与えられたとき，Φ によって，G' の単位元 e' へと移される G の元全体の集合を考察することが大切なことになる．

【定義】 G から G' への準同型写像 Φ に対し，G の部分集合 K を

$$K = \{a \mid \Phi(a) = e'\}$$

とおき，K を Φ の核という (図 28).

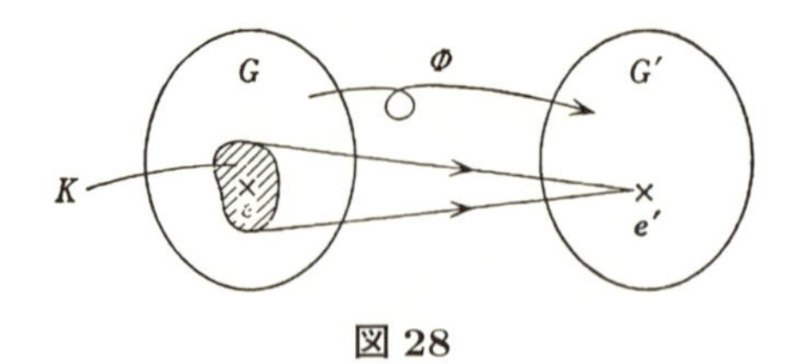

図 28

Φ の核 K は，G の正規部分群となる．

【証明】　$a, b \in K$ とすると，(1) から

$$\Phi(ab) = \Phi(a)\Phi(b) = e'e' = e' \quad ((1) \text{ による})$$

により，$ab \in K$．また (2) から $a \in K$ ならば $a^{-1} \in K$ もわかる．したがって K は G の部分群となる．

つぎに K が正規部分群となることを示すために，任意に $g \in G$ をとる．このとき，$a \in K$ に対し

$$\begin{aligned}\Phi(gag^{-1}) &= \Phi(g)\Phi(a)\Phi(g)^{-1} \quad ((1),(2) \text{ による}) \\ &= \Phi(g)e'\Phi(g)^{-1} \\ &= \Phi(g)\Phi(g)^{-1} = e'\end{aligned}$$

このことは，$gag^{-1} \in K$ を示している．したがって任意の $g \in G$ に対し $gKg^{-1} \subset K$ となり，K は正規部分群である．　■

逆　　像

Φ を G から G' への準同型写像とし

$$\Phi(a) = a'$$

であったとする．このとき，G の部分集合 $\Phi^{-1}(a')$ を

$$\Phi^{-1}(a') = \{x \mid \Phi(x) = a'\}$$

とおいて，$\Phi^{-1}(a')$ を a' の逆像という．明らかに，$\Phi^{-1}(a') \ni a$ である．また，$\Phi^{-1}(e')$ は Φ の核 K に等しいが，一般に

$\Phi^{-1}(a') = aK = Ka$

が成り立つ．

実際,

$$\begin{aligned} x \in \Phi^{-1}(a') &\iff \Phi(x) = a' \iff \Phi(x) = \Phi(a) \\ &\iff \Phi(a)^{-1}\Phi(x) = e' \iff \Phi(a^{-1}x) = e' \\ &\iff a^{-1}x \in K \iff x \in aK \end{aligned}$$

あとは K は正規部分群だから, $aK = Ka$ に注意すればよい. ∎

部分群の対応

G の部分群を H とし

$$\Phi(H) = H'$$

とおく. このとき, (1) と (2) から, 次のことが成り立つことがわかる.

> H' は G' の部分群となる.

逆に, G' の部分群 H' が与えられたとき

$$\Phi^{-1}(H') = \{x \mid \Phi(x) \in H'\}$$

とおき, $\Phi^{-1}(H')$ を H' の逆像という. このとき

> $\Phi^{-1}(H')$ は G の部分群である. 特に $\Phi(H) = H'$ のときは
>
> $$\Phi^{-1}(H') = HK = KH$$

と表わされる. K は Φ の核である. また HK とかいたのは, hk ($h \in H$, $k \in K$) と表わされる元の集合を表わす. この集合は H の元を含む K の剰余類からなっている.

【証明】 $\Phi^{-1}(H')$ が部分群となることは次のようにしてわかる. $x, y \in \Phi^{-1}(H')$ とすると, $\Phi(x), \Phi(y) \in H'$ により, $\Phi(xy) = \Phi(x)\Phi(y) \in H'$, $\Phi(x^{-1}) = \Phi(x)^{-1} \in H'$ となり, これから, $xy, x^{-1} \in \Phi^{-1}(H')$ となる.

また, $\Phi^{-1}(H')$ は, $h' \in H'$ の逆像 $\Phi^{-1}(h')$ 全体からなるが, $H' = \Phi(H)$ のときは, $\Phi^{-1}(h')$ は, $\Phi(h) = h'$ をみたす h をとると, $hK = Kh$ と表わされている. したがって $\Phi^{-1}(H') = HK = KH$ となる. ∎

> H' が G' の正規部分群のときには，$\Phi^{-1}(H')$ は G の正規部分群となる．

【証明】 $\tilde{H} = \Phi^{-1}(H')$ とおく．任意の $g \in G$, $x \in \tilde{H}$ に対して

$$\Phi(gxg^{-1}) = \Phi(g)\Phi(x)\Phi(g)^{-1} \in H' \quad (H' \text{ が正規だから})$$

このことは $gxg^{-1} \in \tilde{H}$ を示している．したがって $g\tilde{H}g^{-1} \subset \tilde{H}$ となり，$\tilde{H}$ は G の正規部分群である． ∎

準同型定理

一般に，G から G' への準同型写像 Φ が，$\Phi(G) = G'$ となっているとき，Φ を G から G' の上への準同型写像という．次の定理は準同型定理として，よく用いられる．

【定理】 Φ を G から G' の上への準同型写像とする．K を Φ の核とする．このとき同型対応

$$G/K \cong G'$$

が成り立つ．

【証明】 $\Phi(a)$ の逆像が，a を含む剰余類 aK で与えられているのだから

$$aK = bK \Longleftrightarrow \Phi(a) = \Phi(b)$$

が成り立つ．したがって，剰余類の集合 G/K の元 aK に，G' の元 $\Phi(a)$ を対応させる対応は，G/K から G' の上への 1 対 1 対応となっている．この対応を $\tilde{\Phi}$ とおこう：

$$\tilde{\Phi} : aK \longrightarrow \Phi(a) \tag{3}$$

証明すべきことは，$\tilde{\Phi}$ が，群 G/K から群 G' への同型対応を与えているということである．それには

$$\tilde{\Phi}(aK \cdot bK) = \tilde{\Phi}(aK)\tilde{\Phi}(bK) \tag{4}$$

を示しさえすればよい．

この左辺は

$$\tilde{\Phi}(aK \cdot bK) = \tilde{\Phi}(abK) = \Phi(ab) \quad ((3) \text{ による})$$

この右辺は

$$\tilde{\Phi}(aK)\tilde{\Phi}(bK) = \Phi(a)\Phi(b) \qquad ((3)\text{ による})$$
$$= \Phi(ab) \qquad ((1)\text{ による})$$

したがって左辺と右辺が等しくなって (4) が示された. ∎

この証明では，意味するものが少しわかりにくいという読者もおられるかもしれない．そのため，同じことを図式を用いて，いい直してみよう．

右図で，π は，G から G/K の上への準同型写像

$$\pi : a \longrightarrow aK$$

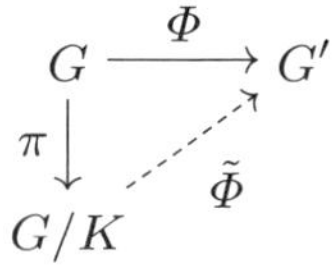

を表わしている．この写像が準同型写像となっていることは，

$$\pi(ab) = abK = aKbK = \pi(a)\pi(b)$$

から明らかである．

$$\begin{array}{ccc} G & \xrightarrow{\Phi} & G' \\ \pi\downarrow & \nearrow \tilde{\Phi} & \\ G/K & & \end{array}$$

π の核も，Φ の核もともに同じ K である．このことは，π も，Φ も，それぞれ G/K, G' へ移したときの，単位元への‘つぶれ方’が同じ状況であることを示している．π も Φ も準同型写像だから，このことは，G の元 a を G/K の元 aK, G' の元 $\Phi(a)$ に移すときの，π と Φ の‘つぶれ方’もやはり同じ状況となっていることを示している．同じように‘つぶれた’のだから，破線で示す 1 対 1 写像が存在することになる．この写像を $\tilde{\Phi}$ とおいたのである．

準同型定理の意味するもの

上の図式が示すように，同型対応 $\tilde{\Phi}$ で，G/K と G' を群として同一視してしまうならば——これは抽象的な立場といってよいのだが——，準同型写像 Φ の性質は，すべて $\pi : G \to G/K$ へと移行されてしまうことになる．ところが写像 π は，正規部分群 K によって完全に決まってしまう．

すなわち，G の外の世界 G' へと向けた準同型写像 Φ の性質は，G の内なる世界にある正規部分群 K によって完全に規定されてしまうのである．

同 型 定 理

準同型定理からまず次の第 1 同型定理とよばれている定理を導くことができる．

【定理 (第1同型定理)】 G から G' の上へ準同型対応 Φ が与えられているとする．H' を G' の正規部分群とし，$H = \Phi^{-1}(H')$ とおく．このとき同型対応

$$G/H \cong G'/H'$$

が成り立つ．

【証明】 π' によって，G' から G'/H' の上へ準同型対応：$a' \to a'H'$ を表わすことにする．このとき準同型写像の系列

$$G \xrightarrow{\Phi} G' \xrightarrow{\pi'} G'/H'$$

を考え，この写像の合成を

$$\tilde{\Phi} = \pi' \circ \Phi$$

とおくと，$\tilde{\Phi}$ は，G から G'/H' の上への準同型写像となっている．

このΦ̃に対して準同型定理を適用しよう．$\tilde{\Phi}$ の核は，$\tilde{\Phi}$ によって G'/H' の単位元へ移るもの，すなわち Φ によって H' へ移るものからなる：したがって準同型定理によって同型対応

$$\begin{array}{ccccc} \tilde{\Phi} : G & \xrightarrow{\ \Phi\ } & G' & \xrightarrow{\ \pi'\ } & G'/H' \\ \cup & & \cup & & \Cup \\ H & \longrightarrow & H' & \longrightarrow & \text{単位元} \end{array}$$

$$G/H \cong G'/H'$$

が成り立つ．■

この証明をみてもわかるように，第1同型定理の背景にある考えは，準同型定理である．同じように次に述べる第2同型定理も，準同型定理から直接導かれるものである．

【定理 (第2同型定理)】 H を G の部分群とし，N を G の正規部分群とする．このとき $H \cap N$ は H の正規部分群で，同型対応

$$HN/N \cong H/H \cap N$$

が成り立つ．

【証明】 準同型対応

$$\begin{array}{ccc} \pi : G & \longrightarrow & G/N \\ \Cup & & \Cup \\ a & \longrightarrow & aN \end{array}$$

によって，H は，H の元を含む N の剰余類の集合 $\bigcup_{h\in H} hN = HN$ へと移る．したがって HN は N を含む群であって，π を H に制限して考えることにより，準同型対応

$$\pi : H \longrightarrow HN/N$$

が得られる．このとき π の核は，H の元で，N へと移るもの，すなわち $H\cap N$ である．したがって $H\cap N$ は H の正規部分群であって，準同型定理によって，同型対応

$$H/H\cap N \cong HN/N$$

が成り立つ． ∎

Tea Time

質問　準同型定理をみて思ったのですが，G の中にたくさん正規部分群があるときには，この定理は応用が広いことは予想されますが，G が単純群のときは，何をいっているのでしょうか．このときは，G の正規部分群は $\{e\}$ と G しかありません．準同型定理を適用するといってもこの 2 つの場合だけです．G の準同型写像は 2 つしかないということをいっているのですか．

答　2 つしかないとはいっていない．G が単純群のときには，準同型定理のいっていることは次のようになる．G から G' の上への準同型写像が存在するのは，G' が単位元だけからなるときか ($K = G$ のとき)，G' が G と同型な群のときだけである．前者の場合には，準同型写像は G の元をすべて単位元に移すものからなり，後者の場合には，G から G' への同型写像全体からなる．

同型写像は，たくさん存在している．たとえば $G = G'$ のとき，任意の $g \in G$ に対して，G から G への写像を $x \to gxg^{-1}$ で定義すると，これは同型写像となっている．また p が素数のとき，$\boldsymbol{Z}_p$ は単純群であるが，任意の $a = 1, 2, \ldots, p-1$ に対して，$\boldsymbol{Z}_p$ から $\boldsymbol{Z}_p$ への対応を $[k] \to [ak]$ ($[\quad]$ は剰余類を表わす) とおくと，この対応は同型写像となっている．

講義の‘準同型定理の意味するもの’の中でいったことは，抽象的な立場で，同型対応で移るものを，(多少乱暴だが) 同じものと考えれば，写像は，本質的には

いまの場合恒等写像しかなく，そのことが，写像の核がすべて $\{e\}$ だけからなるということを反映している，ということであった．

質問　第2同型定理を眺めていると，何だか分母，分子を‘N で割った’ような気がしてきました．整数 $\boldsymbol{Z}$ のつくる加群の場合には，これは割り算に対応しているのですか．

答　直接対応しているとはいえない．$\boldsymbol{Z}$ のときは，次のように，むしろ最大公約数と最小公倍数に関係することを述べているといった方がよい．H として 20 の倍数のつくる加群 $20\boldsymbol{Z}$，N として 12 の倍数のつくる加群 $12\boldsymbol{Z}$ をとると，20 と 12 の最大公約数は 4 だから，$H+N=20\boldsymbol{Z}+12\boldsymbol{Z}=4\boldsymbol{Z}$ となる（これは $20x+12y=4$ となる整数 x, y が存在することによる）．また $H\cap N=60\boldsymbol{Z}$ となる（60 は 20 と 12 の最小公倍数である）．このとき第2同型定理 $H/H\cap N \equiv HN/N$ は同型対応 $20\boldsymbol{Z}/60\boldsymbol{Z} \cong 4\boldsymbol{Z}/12\boldsymbol{Z}$ が成り立つことを述べている．実際，この両辺は $\boldsymbol{Z}_3$ に同型となっている．

第 20 講

有限生成的なアーベル群

テーマ
- 有限生成的
- 有限生成的なアーベル群の基本定理
- 巡回群の直積に関するコメント
- 基本定理の証明への試み——有限生成性と準同型定理を用いて，問題を行列の問題へと定式化していく．
- 線形代数から

有限生成的

一般に，群 G が次の性質をもつとき有限生成的であるという．

G の中に適当な有限個の元 $g_1, g_2, \ldots, g_n$ が存在して，G のすべての元は，この中から (繰り返してとることも許して) とった有限個の $g_{i_1}, g_{i_2}, \ldots, g_{i_m}$ によって

$$g_{i_1}{}^{\pm 1} g_{i_2}{}^{\pm 1} \cdots g_{i_m}{}^{\pm 1}$$

と表わされる．

記号は少し簡略にかいてしまった．$g_{i_1}{}^{\pm 1}$ は，g_{i_1} か $g_{i_1}{}^{-1}$ かのいずれかをとるということである．

要するに，G の任意の元は，$g_1, g_2, \ldots, g_n, g_1{}^{-1}, g_2{}^{-1}, \ldots, g_n{}^{-1}$ の中から，適当に元をとって何回かかけ合わすと必ず得られるというのである．$g_1, g_2, \ldots, g_n$ を生成元という．

もちろん G が有限群ならば，G の元すべてを生成元としてとってよいのだから，明らかに，有限生成的である．

非可換な場合，有限生成的というだけでは，群を調べる手がかりはなかなか見つからないのである．有限生成的な群の部分群は，必ずしも有限生成的でないなどということも，事情を難しくしている．

最後に述べたことは，‘有限または可算個の元からなる任意の群は，2 つの生成元によって生成されたある群の部分群と同型になる’という一般的な定理からもわかる．有限生成的でない可算群は，$\boldsymbol{Z}_2 \oplus \boldsymbol{Z}_3 \oplus \cdots \oplus \boldsymbol{Z}_n \oplus \cdots$ のように，いくらでも存在しているから，この定理で述べていることは少し不思議なことである (なお，Tea Time も参照).

有限生成的なアーベル群

しかし，G が可換なときには，有限生成的な可換群は簡明な構造をもっている．このことはすぐあとで詳しく述べるのだが，この定理を述べるときには，ふつう，可換群という言葉を避けて，アーベル群という言葉の方を好んで使うようである．したがって私たちもそれにならって，この講のタイトルを，‘有限生成的な可換群’とはしないで，‘アーベル群’としたのである．

まず $\boldsymbol{Z}^n$ は有限生成的なアーベル群であることを注意しておこう．実際，$\boldsymbol{Z}^n$ は $(1, 0, \ldots, 0), \ldots, (0, \ldots, 0, 1)$ で生成されている．

次の定理を，有限生成的なアーベル群の基本定理という．

【定理】 G を有限生成的なアーベル群とする．そのとき G は，適当な $d_1, d_2, \ldots, d_k, s$ をとると

$$\boldsymbol{Z}_{d_1} \times \boldsymbol{Z}_{d_2} \times \cdots \times \boldsymbol{Z}_{d_k} \times \boldsymbol{Z}^s \tag{1}$$

と同型である．ここで，$d_i > 1$ で，d_{i-1} は d_i の約数である．G によって，$d_1, d_2, \ldots, d_k, s$ は一意的に決まる．

少し説明を加えておこう．まず (1) において

$$\boldsymbol{Z}_{d_i} = \boldsymbol{Z}/d_i\boldsymbol{Z}$$

であって，$\boldsymbol{Z}_{d_i}$ は位数 d_i の巡回群である．したがって

$$\boldsymbol{Z}_{d_1} \times \boldsymbol{Z}_{d_2} \times \cdots \times \boldsymbol{Z}_{d_k}$$

は巡回群の直積として表わされている有限群である．

この有限群を G のねじれ群という．そして $d_1, d_2, \ldots, d_k$ をねじれ係数という．

$\boldsymbol{Z}^s$ は，$\boldsymbol{Z}$ の s 個の直積

$$\boldsymbol{Z} \times \boldsymbol{Z} \times \cdots \times \boldsymbol{Z} \quad (s \text{ 個})$$

を表わし，無限巡回群の直積である．$\boldsymbol{Z}^s$ を G の自由部分，s を G の階数という．

$\boldsymbol{Z}^s$ を階数 s の可換自由群として引用することもある．

有限生成的なアーベル群は，ねじれ群と自由部分の直積となっているのである．ねじれ群は英語 torsion group の略で，英和辞典を引いても，torsion は，やはり，ねじり，ねじれと出ている．

なぜこのような奇妙な用語が定着するようになったか，私は知らない．私の想像では，$\boldsymbol{Z}$ は，直線上に等間隔に並んでいるイメージをもつのに対し，$\boldsymbol{Z}_d$ は，$0, 1, 2, \ldots, d-1$ まで同じように真直ぐに並んでいるが，d のところで，この線分を‘ねじ曲げて’，出発点の 0 へ戻してつなげたようになっている．この感じを，‘ねじれ’という言葉で表現したのではないかと思う．

自由部分というのは，英語 free part の略であって，‘自由’とは，$\boldsymbol{Z}$ にはお互いの元の間に関係がないことを示唆している (たとえば $\boldsymbol{Z}_d$ では，$\overbrace{1+1+\cdots+1}^{d}=0$ というような関係がある！)．この自由という言葉も，はじめて聞くと妙な気がするかもしれないが，あとで自由群のことを述べるようになると，少しずつ聞きなれてくるだろう．

コメント

読者の中には，たとえば

$$\boldsymbol{Z}_2 \times \boldsymbol{Z}_3 \times \boldsymbol{Z}_{10}$$

は，アーベル群なのに，定理で述べているように，巡回群の位数が，前のもので割りきれる形にはなっていない，これは少しおかしいと思われた方がいるかもしれない．第 15 講の‘巡回群の直積’の項で述べたように，m と n が互いに素なときに限って，$\boldsymbol{Z}_m \times \boldsymbol{Z}_n \cong \boldsymbol{Z}_{mn}$ となる．したがって

$$\boldsymbol{Z}_2 \times \boldsymbol{Z}_3 \times \boldsymbol{Z}_{10} \cong \boldsymbol{Z}_2 \times \boldsymbol{Z}_{30}$$

となり，定理で述べている d_1, d_2 は，いまの場合 2, 30 となるのである．

同様に

$$\boldsymbol{Z}_2 \times \boldsymbol{Z}_3 \times \boldsymbol{Z}_3 \times \boldsymbol{Z}_5 \times \boldsymbol{Z}_7 \times \boldsymbol{Z}_{21} \cong \boldsymbol{Z}_3 \times \boldsymbol{Z}_{21} \times \boldsymbol{Z}_{210}$$

となり，この場合は，$(d_1, d_2, d_3) = (3,\ 21,\ 210)$ である．

この例で見てもわかるように，巡回群を直積として表わす表わし方は，1 通りとは限らない．しかし，定理で述べてあるように，おのおのの位数が，順次前のものの

倍数となっているように直積による表わし方を整えると，この位数 $(d_1, d_2, \ldots, d_k)$ は，一意的に決まるのである．

証明の試み

この基本定理の証明はいろいろあるが，どれもそれほど簡単なものではない．大体の証明は，証明の途中で帰納法を用いながら，一般化への道を上っていく．

ここでは，定理の後半に述べてある $d_1, d_2, \ldots, d_k, s$ の一意性の証明には立ち入らないことにする．定理の重点は，もちろん，G が (1) のように直積に分解されることにかかっているから，以下では，このことだけを証明することにしよう．

証明は，あまり群論的ではないかもしれないが，証明すべき内容を線形代数——ただし整数環上の——の言葉に直して証明するような方法を採用する．

読者の中には，上の基本定理の述べ方の中に，行列のジョルダン標準形を思い出させるものがあると感じられた方もおられるかもしれない．実際，この 2 つは，線形性の同じ舞台——正確には module の理論——の上にあるといってよいのである．

いま G を有限生成的なアーベル群とする．群の演算は加法で表わす．G の生成元を $\{u_1, u_2, \ldots, u_m\}$ とする．G の生成元のとり方はいろいろあって，個数さえも決まらないが，何でもよいから 1 つとって，それを $\{u_1, u_2, \ldots, u_m\}$ とするのである．

このとき $\boldsymbol{Z}^m$ から G の上への準同型写像

$$
\begin{array}{ccc}
\Phi : \boldsymbol{Z}^m & \longrightarrow & G \\
\Cup & & \Cup \\
\begin{pmatrix} \alpha_1 \\ \alpha_2 \\ \vdots \\ \alpha_m \end{pmatrix} & \longrightarrow & \displaystyle\sum_{i=1}^{m} \alpha_i u_i \quad (\alpha_i \in \boldsymbol{Z})
\end{array}
$$

が決まる．‘上への’ とかいたのは，$u_1, u_2, \ldots, u_m$ が G の生成元だからである．Φ の核を K とする．K は $\boldsymbol{Z}^m$ の部分群である．準同型定理によって

$$\boldsymbol{Z}^m / K \cong G \tag{2}$$

が成り立つ．

1つの定理

ここで1つの重要な定理を用いる.

【定理】 有限生成的なアーベル群の部分群は，有限生成的である.

この定理は当り前そうにみえるが，前に注意したように非可換の場合には一般には成り立たないのだから，けっして自明ではないのである．証明も少し手間がかかる．この定理の証明はここでは省略しよう．この定理の証明は，大体どの群論の教科書にも載せられているが，たとえば永尾汎『群論の基礎』(朝倉書店) を参照されるとよい.

問題を行列でいい直す

この定理から，(2) の左辺に現われた $\boldsymbol{Z}^m$ の部分群である核 K も有限生成的となることがわかる．そこで K の生成元を $\{v_1, v_2, \ldots, v_n\}$ とすると，今度は $\boldsymbol{Z}^n$ から K の上への準同型対応

$$\begin{array}{ccc} \Psi : \boldsymbol{Z}^n & \longrightarrow & K \\ \Cup & & \Cup \\ (\beta_1, \beta_2, \ldots, \beta_n) & \longrightarrow & \displaystyle\sum_{j=1}^{n} \beta_j v_j \end{array} \tag{3}$$

が決まる．$v_1, v_2, \ldots, v_n$ はもちろん $\boldsymbol{Z}^m$ の元である.

$$v_1 = \begin{pmatrix} a_{11} \\ a_{21} \\ \vdots \\ a_{m1} \end{pmatrix}, \quad v_2 = \begin{pmatrix} a_{12} \\ a_{22} \\ \vdots \\ a_{m2} \end{pmatrix}, \quad \ldots, \quad v_n = \begin{pmatrix} a_{1n} \\ a_{2n} \\ \vdots \\ a_{mn} \end{pmatrix} \tag{4}$$

と表わしておく.

このとき，(2) と (3) と (4) から

(ii) $\begin{pmatrix} \alpha_1 \\ \alpha_2 \\ \vdots \\ \alpha_m \end{pmatrix} \xrightarrow{\Phi} 0 \Longleftrightarrow \begin{pmatrix} \alpha_1 \\ \alpha_2 \\ \vdots \\ \alpha_m \end{pmatrix}$ が $v_1, v_2, \ldots, v_n$ によってはられた

$\boldsymbol{Z}^n$ の部分空間に属している

$\Longleftrightarrow$ 適当な整数 $\beta_1, \beta_2, \ldots, \beta_n$ をとると

$$\alpha_i = \sum_{j=1}^{n} a_{ij}\beta_j$$

と表わされる.

この右辺に現われた最後の式は，行列の記号を用いて

$$\begin{pmatrix} \alpha_1 \\ \alpha_2 \\ \vdots \\ \alpha_m \end{pmatrix} = \begin{pmatrix} a_{11} & a_{12} & \cdots & a_{1n} \\ a_{21} & a_{22} & \cdots & a_{2n} \\ & \cdots\cdots & & \\ a_{m1} & a_{m2} & \cdots & a_{mn} \end{pmatrix} \begin{pmatrix} \beta_1 \\ \beta_2 \\ \vdots \\ \beta_n \end{pmatrix} \tag{5}$$

と表わしておいた方が見やすい.

線形代数から

行列が登場したところで，話の流れを少し切るようだが，線形代数で学んだことを少し思い出しておこう．線形代数では，ベクトル空間の係数 (スカラー) として用いる数は，実数 $\boldsymbol{R}$ か，複素数 $\boldsymbol{C}$ であって，整数 $\boldsymbol{Z}$ だけに限って話を進めるようなことはしていない．この場合，基本的な違いは，$\boldsymbol{R}$ と $\boldsymbol{C}$ では，0 でない数で自由に割ることはできるが，$\boldsymbol{Z}$ では，一般に割り算ができないということである.

しかし，$\boldsymbol{Z}$ の上に限っても，線形代数における考え方の類似を追うことができる場所があるかもしれない．実際，私たちは，(5) の表示に，その考えを使おうというのである.

さて，準備的な考察を展開するために，考える場所を整数 $\boldsymbol{Z}$ から実数 $\boldsymbol{R}$ へとひとまず移して，$\boldsymbol{R}^n$ から $\boldsymbol{R}^m$ への線形写像 T が与えられたとする．いつものように，T を行列 C で表わして

$$C = \begin{pmatrix} c_{11} & c_{12} & \cdots & c_{1n} \\ c_{21} & c_{22} & \cdots & c_{2n} \\ & \cdots\cdots & & \\ c_{m1} & c_{m2} & \cdots & c_{mn} \end{pmatrix} \tag{6}$$

とする．この行列表示は，$\boldsymbol{R}^n$ の標準基底

$$\boldsymbol{e}_1 = \begin{pmatrix} 1 \\ 0 \\ \vdots \\ \vdots \\ 0 \end{pmatrix}, \quad \boldsymbol{e}_2 = \begin{pmatrix} 0 \\ 1 \\ 0 \\ \vdots \\ 0 \end{pmatrix}, \quad \ldots, \quad \boldsymbol{e}_n = \begin{pmatrix} 0 \\ 0 \\ \vdots \\ 0 \\ 1 \end{pmatrix}$$

が，T によって，$\boldsymbol{R}^m$ のどのベクトルに移されるかを表わしたものとなっている．すなわち，(6) の列ベクトルが，それぞれ $T\boldsymbol{e}_1, T\boldsymbol{e}_2, \ldots, T\boldsymbol{e}_n$ の成分を表わし，したがって，$\boldsymbol{R}^m$ の標準基底を

$$\tilde{\boldsymbol{e}}_1, \quad \tilde{\boldsymbol{e}}_2, \quad \ldots, \quad \tilde{\boldsymbol{e}}_m$$

とすると，

$$T\boldsymbol{e}_1 = c_{11}\tilde{\boldsymbol{e}}_1 + c_{21}\tilde{\boldsymbol{e}}_2 + \cdots + c_{m1}\tilde{\boldsymbol{e}}_m$$
$$\cdots\cdots\cdots$$
$$T\boldsymbol{e}_n = c_{1n}\tilde{\boldsymbol{e}}_1 + c_{2n}\tilde{\boldsymbol{e}}_2 + \cdots + c_{mn}\tilde{\boldsymbol{e}}_m$$

となっている．

しかし，考えてみると，$\boldsymbol{R}^n, \boldsymbol{R}^m$ のベクトルを表わすのに，何も標準基底にこだわらなくとも，別の基底をとってベクトルを表わしてもよいのではないか．たとえば平面ならば，直交座標を適当な角度だけ回転したものを，新しい座標軸としてとってもよいだろうし，あるいは斜交座標を新しい座標軸としてとってもよいだろう．

このように新しい座標軸をとると，T を表わす行列 C の形も当然変わってくる．

それでは，'よい座標軸 (基底！)' をとったとき，T を表わす行列は，どこまで簡単にすることができるか．それに対する線形代数の答は，T を表わす行列として

$$\begin{pmatrix} \begin{matrix} 1 & & 0 \\ & 1 & \\ & & \ddots \\ 0 & & & 1 \end{matrix} & \Large 0 \\ \Large 0 & \Large 0 \end{pmatrix}$$

の形まで簡単にすることができるということである．$\boldsymbol{R}^n$ の標準基底を，新しい基底にとりかえる基底変換の行列を Q とし，$\boldsymbol{R}^m$ の標準基底を新しい基底にとりかえる基底変換の行列を P とすると，この操作は，行列によって

$$P^{-1}CQ = \begin{pmatrix} \begin{matrix} 1 & & 0 \\ & \ddots & \\ 0 & & 1 \end{matrix} & \Large 0 \\ \Large 0 & \Large 0 \end{pmatrix}$$

と表わされる．これについては，次講でもう少し述べよう．

この講は，未完となってしまった．基本定理の証明は次講へまわすことにしよう．

Tea Time

対称群は 2 つの元から生成される

基本定理の証明の方がまだ中途だから，この Tea Time では，この講の最初に述べた有限生成的という性質を話題としよう．対称群 S_n は，n が大きくなると位数が $n!$ で増加していく大きな群である．ところが S_n は実は 2 つの置換

$$\sigma = (1\ 2), \quad \tau = (1\ 2\ \cdots\ n)$$

によって生成されている (σ は互換，τ は巡回置換である)．なぜかというと，まず

$$\tau\sigma\tau^{-1} = (2\ 3), \quad \tau(2\ 3)\tau^{-1} = (3\ 4), \quad \ldots,$$
$$\tau(n-2\ n-1)\tau^{-1} = (n-1\ n)$$

によって，σ と τ から $(k\ k+1)$ の形の互換

$$\sigma_k = (k\ k+1) \quad (k = 1, 2, \ldots, n-1)$$

がすべて生成される．ところが任意の互換 $(k\ l)(k < l)$ は，σ_k の形の互換の積として表わされる．たとえば

$$(1\ 4) = \sigma_2\sigma_1\sigma_2\sigma_1\sigma_3\sigma_2\sigma_1$$

である．ところが任意の置換は互換から生成されるから，結局，S_n は，2 つの置換 σ と τ だけで生成されてしまうのである．

第 12 講で示したように，任意の位数 n の有限群は，S_n の部分群として実現されている．したがって，任意の有限群は，2 つの生成元をもつ群の部分群となっているのである．一方，

$$\boldsymbol{Z}_2 \times \boldsymbol{Z}_2 \times \cdots \times \boldsymbol{Z}_2 \quad (n\ \text{個})$$

には，少なくとも n 個の生成元は必要だから，ある群の生成元の個数と，それがもっと大きな群の部分群として含まれているかどうかということは，まったく無関係なのである．

第 21 講

アーベル群の基本定理の証明

テーマ

- ◆ 線形代数における，行列の基本変形の過程
- ◆ $\boldsymbol{Z}$ 上の基本変形
- ◆ $\boldsymbol{Z}$ 上で許される基本変形
- ◆ $\boldsymbol{Z}$ 上の基本変形の結果得られる行列の標準形
- ◆ 基本定理——有限生成的なアーベル群が，ねじれ群と自由部分に直積分解される——の証明

線形代数における基本変形

この講は，行列の基本変形のことを思い出しながら読まれるとよいと思う．行列の基本変形については，このシリーズの『線形代数 30 講』で詳しく述べてあるが，このことをあまり学んでおられない読者は，この講は軽く読まれるとよい．

さて，前講からのつづきで，私たちはまだ $\boldsymbol{R}^n$ から $\boldsymbol{R}^m$ への線形写像 T を考えている．T を表わす行列 C は，$\boldsymbol{R}^m$ の基底変換を適当な行列 P で行ない，$\boldsymbol{R}^n$ の基底変換を適当な行列 Q で行なうと，前講の終りで述べたように

$$P^{-1}CQ = \begin{pmatrix} \begin{matrix} 1 & & 0 \\ & \ddots & \\ 0 & & 1 \end{matrix} & 0 \\ 0 & 0 \end{pmatrix}$$

と表わされる．

ここで次のことが知られている．

(★)　P, Q について：P, Q は次の 3 つのタイプの基底変換を順次繰り返していくことにより得られる．どちらも同じだから，P について述べておこう (Q のときは m を n にかえる)．

(i)　$\boldsymbol{R}^m$ の基底 $\{\boldsymbol{f}_1, \ldots, \boldsymbol{f}_i, \ldots, \boldsymbol{f}_j, \ldots, \boldsymbol{f}_m\}$ を, $\{\boldsymbol{f}_1, \ldots, \boldsymbol{f}_j, \ldots, \boldsymbol{f}_i, \ldots, \boldsymbol{f}_m\}$ にかえる.

(ii)　$\boldsymbol{R}^m$ の基底 $\{\boldsymbol{f}_1, \ldots, \boldsymbol{f}_i, \ldots, \boldsymbol{f}_j, \ldots, \boldsymbol{f}_m\}$ を，適当な実数 μ をとって $\{\boldsymbol{f}_1, \ldots, \boldsymbol{f}_i + \mu\boldsymbol{f}_j, \ldots, \boldsymbol{f}_j, \ldots, \boldsymbol{f}_m\}$ にかえる.

(iii)　$\boldsymbol{R}^m$ の基底 $\{\boldsymbol{f}_1, \ldots, \boldsymbol{f}_i, \ldots, \boldsymbol{f}_m\}$ を適当な 0 でない実数 ν をとって $\{\boldsymbol{f}_1, \ldots, \nu\boldsymbol{f}_i, \ldots, \boldsymbol{f}_m\}$ にかえる.

(★★)　任意の (m, n) 行列 C のこの基底変換に対応するかわり方

(i)$'$　(i) に対応する基底変換の行列 P, Q を $P(i, j), Q(i, j)$ と表わしておくと,

$P(i, j)^{-1}C$ は，C の i 行と j 行をとりかえる.

$CQ(i, j)$ は，C の i 列と j 列をとりかえる.

(ii)$'$　(ii) に対応する基底変換の行列 P, Q を，$P(i, j\,; \mu), Q(i, j\,; \mu)$ と表わしておくと,

$P(i, j\,; \mu)^{-1}C$ は，C の i 行に j 行の $-\mu$ 倍を加えたものとなる.

$CQ(i, j\,; \mu)$ は，C の i 列に j 列の μ 倍を加えたものとなる.

(iii)$'$　(iii) に対応する基底変換の行列 P, Q を，$P(i\,; \nu)$, $Q(i\,; \nu)$ と表わしておくと,

$P(i\,; \nu)^{-1}C$ は，C の i 行を $\dfrac{1}{\nu}$ 倍したものとなる.

$CQ(i\,; \nu)$ は，C の i 列を ν 倍したものとなる.

この (i)$'$，(ii)$'$，(iii)$'$ に述べられている操作を C に行なっていくことを，C に基本変形を行なうという.

定理の証明に戻って

基本定理の証明に戻ろう．前講 (2) から

$$\boldsymbol{Z}^m/K \cong G$$

である．一方，$\boldsymbol{Z}^m$ の元が，K に属する条件は前講の (♮) で与えられている．この条件は，前講 (5) に現われた行列を

$$A = \begin{pmatrix} a_{11} & a_{12} & \cdots & a_{1n} \\ a_{21} & a_{22} & \cdots & a_{2n} \\ & \cdots\cdots & & \\ a_{m1} & a_{m2} & \cdots & a_{mn} \end{pmatrix} \tag{1}$$

とおくと，(ロ) はいい直されて

$$\begin{pmatrix} \alpha_1 \\ \alpha_2 \\ \vdots \\ \alpha_m \end{pmatrix} \in K \Longleftrightarrow \begin{pmatrix} \alpha_1 \\ \alpha_2 \\ \vdots \\ \alpha_m \end{pmatrix} \in A(\boldsymbol{Z}^n) \tag{2}$$

となる．$A(\boldsymbol{Z}^n)$ は，$\boldsymbol{Z}^n$ の A による像である．

行列 A は，‘生成元の変換’，すなわち，K の生成元を G の生成元で表わす変換

$$v_j = \sum_{i=1}^{m} a_{ij} u_i$$

として与えられていたことを思い出しておこう．

ここで G の生成元 $u_1, u_2, \ldots, u_m$，K の生成元 $v_1, v_2, \ldots, v_n$ をできるだけ上手にとって，A をもっと簡単な形にできないかということが問題となる．ここに，行列の基本変形に相当することを，ここでも行なってみたらどうなるか，という着想が浮かぶのである．

$\boldsymbol{Z}$ 上の基本変形

しかし線形代数で用いてよい数は実数 $\boldsymbol{R}$ であったのに比べ，私たちが現在ここで用いてよいのは整数 $\boldsymbol{Z}$ だけである．

基底の変換に相当するのは，G の生成元を同じ個数の別の生成元にとりかえていくことと，K の生成元を同じ個数の別の生成元にとりかえていくことである．実数 $\boldsymbol{R}$ 上のベクトル空間のときには，基底の変換は，(★) で述べたように，3 つのタイプにわけられていた．対応することは，生成元のとりかえではどうなるだろうか．

G でも，K でも，どちらで考えても同じことだから，G の生成元で考えることにしよう．まず (i) に対応すること

(i) G の生成元 $\{w_1, \ldots, w_i, \ldots, w_j, \ldots, w_m\}$ を $\{w_1, \ldots, w_j, \ldots, w_i, \ldots, w_m\}$ にかえる.

これは生成元の順番を単にとりかえただけの変換である.

(ii) G の生成元 $\{w_1, \ldots, w_i, \ldots, w_j, \ldots, w_m\}$ を, 適当な整数 q をとって $\{w_1, \ldots, w_i + qw_j, \ldots, w_j, \ldots, w_m\}$ にかえる.

$\{w_1, \ldots, w_i + qw_j, \ldots, w_j, \ldots, w_m\}$ がまた G の生成元となっていることを示さなくてはならないが, このことは, 生成元 $w_1, w_2, \ldots, w_m$ を用いて表わした元が

$$\begin{aligned}&\alpha_1 w_1 + \cdots + \alpha_i w_i + \cdots + \alpha_j w_j + \cdots + \alpha_m w_m \\ &\quad = \alpha_1 w_1 + \cdots + \alpha_i (w_i + qw_j) + \cdots + (\alpha_j - q\alpha_i) w_j + \cdots + \alpha_m w_m\end{aligned}$$

とかき直されることからわかる.

(iii) G の生成元 $\{w_1, \ldots, w_i, \ldots, w_m\}$ を $\{w_1, \ldots, -w_i, \ldots, w_m\}$ でおきかえる.

たとえば, $\{w_1, \ldots, w_i, \ldots, w_m\}$ を $\{w_1, \ldots, 2w_i, \ldots, w_m\}$ とおき直しても, これは一般に G の生成元となるとは限らない. 実数 $\boldsymbol{R}$ のときには, $w_i = \frac{1}{2}(2w_i)$ として, w_i を $2w_i$ で簡単に表わせたが, 整数 $\boldsymbol{Z}$ の上で考えると, 2 で割るということが一般には意味を失ってしまうのである. 許されるのは, 上に述べてあるような -1 をかけるだけである.

$\boldsymbol{R}$ 上のベクトル空間では, 自由にできた基底変換 (iii) に相当することが, $\boldsymbol{Z}$ 上で考えている生成元の上では, -1 をかけること以外, できなくなってしまうのである. この制約はきびしい!

許される基本変形

したがって, G の生成元と K の生成元とをとりかえることによって, (1) で与えられている行列 A を, 簡単にしていく操作——(★★) で述べてある基本変形に相当する操作——は, 次の 3 つのタイプとなる (行の操作は左から, 列の操作は右から, 行列をかけていくことにより得られる).

(i)′ i 行と j 行をとりかえる.
　　i 列と j 列をとりかえる.

(ii)′ i 行に j 行の $-q$ 倍 ($q \in \boldsymbol{Z}$) を加える (q 倍を加えるとかいても同じことである).
　　i 列に j 列の q 倍を加える.

(iii)′　i 行に -1 をかける．
　　　j 列に -1 をかける．

$\boldsymbol{Z}$ 上の基本変形の結果

そこで，(i)′, (ii)′, (iii)′ だけを用いて，(1) の行列 A が，どこまで簡単な形にできるか，ということが問題の核心となってきた．

結果を先に述べておこう．

(♣)　(i)′，(ii)′，(iii)′ を繰り返し適用することにより，A は次の形の行列まで変形できる．

$$\begin{pmatrix} 1 & & & & & & & & & \\ & 1 & & & & & & & & \\ & & \ddots & & & & & & & \\ & & & 1 & & & & & & \\ & & & & d_1 & & & & & \\ & & & & & d_2 & & & & \\ & & & & & & \ddots & & & \\ & & & & & & & d_k & & \\ & & & & & & & & 0 & \\ & & & & & & & & & \ddots \\ & & & & & & & & & & 0 \end{pmatrix} \tag{3}$$

（対角線の右上および左下の部分はすべて 0）

ここで $d_i > 1$ で，d_{i-1} は d_i の約数である．

基本定理の証明

この結果をひとまず認めると，基本定理はこの結果からの直接の帰結となってくる．

実際，G と K の生成元を $\{u_1', u_2', \ldots, u_m'\}$，$\{v_1', v_2', \ldots, v_n'\}$ に取り直して，A が (3) の形にまで変形されたとする．いま，A の対角線上に現われる 1 の個数を t, 0 の個数を s とする．

このとき (2) から，K の元を，$\{u_1', u_2', \ldots, u_m'\}$ に対応する基底による $\boldsymbol{Z}^m$ の成分として表わしたとき

$$\begin{pmatrix} \alpha_1 \\ \alpha_2 \\ \vdots \\ \alpha_m \end{pmatrix} \in K \iff \text{適当な整数}\ \beta_1, \beta_2, \ldots, \beta_m\ \text{によって}$$

$$\alpha_1 = \beta_1, \quad \alpha_2 = \beta_2, \quad \ldots, \quad \alpha_t = \beta_t,$$

$$\alpha_{t+1} = \beta_{t+1} d_1, \quad \alpha_{t+2} = \beta_{t+2} d_2, \quad \ldots, \quad \alpha_{t+k} = \beta_{t+k} d_k,$$

$$\alpha_{t+k+1} = 0, \quad \alpha_{t+k+2} = 0, \quad \ldots, \quad \alpha_{t+k+s} = 0$$

$(m = t + k + s)$ が成り立つことになる．

すなわち，$1 \leqq i \leqq t$ に対しては，任意の α_i を i-成分にとっても K に属しており，$t+1 \leqq i \leqq t+k$ に対しては，α_i が d_i の倍数のときに限って K に属しており，また $t+k+1 \leqq i \leqq t+k+s$ に対しては，$\alpha_i = 0$ のときだけ K に属している．

出発点となった準同型対応 (前講 (2) 参照)

$$\boldsymbol{Z}^m / K \cong G$$

をみると，このことは

$$\begin{aligned} G &\cong \{0\} \times \cdots \times \{0\} \times \boldsymbol{Z}_{d_1} \times \boldsymbol{Z}_{d_2} \times \cdots \times \boldsymbol{Z}_{d_k} \\ &\qquad \times \boldsymbol{Z} \times \cdots \times \boldsymbol{Z} \\ &\cong \boldsymbol{Z}_{d_1} \times \boldsymbol{Z}_{d_2} \times \cdots \times \boldsymbol{Z}_{d_k} \times \boldsymbol{Z} \times \cdots \times \boldsymbol{Z} \end{aligned}$$

を示している．ここで $d_i > 1$，かつ d_{i-1} は d_i の約数で，$\boldsymbol{Z}$ の個数は s である．

これで，任意の有限生成的なアーベル群が，定理で述べてあるような形で，有限巡回群と無限巡回群の直積として表わされることがわかった．

一意性の証明はここでは特に触れないが，これも行列 A を (3) のように表現する仕方は，基本変形のとり方によらず，一意的に決まるということを示すことで，証明することができる．

(♣) の証明

いま，A から出発して，(i)$'$，(ii)$'$，(iii)$'$ の基本変形を有限回行なう操作を，記号 Σ で表わし，この操作によって A から得られた行列を A_Σ で表わす．もし A_Σ の成分がすべて 0 からなっているならば，A_Σ がすでに (3) の形になっているのだから，もう証明すべきことはない (実際はこのときは，A 自身が零行列となっている)．だから，A_Σ はいつも零行列ではないとして，考えていくことにしよう．このとき，A_Σ の行列成分の 0 でないものの中で絶対値が最小なものがある．そ

れを $d(A_\Sigma)$ と表わそう．すなわち，A_Σ の 0 でない行列成分を $\tilde{a}_{ij}$ とすると

$$1 \leqq |d(A_\Sigma)| \leqq |\tilde{a}_{ij}|$$

が成り立つ．$|d(A_\Sigma)|$ は正の整数であることを注意しておこう．

さてここで，(iii)′ の操作の‘乏しさ’を補うために 1 つの数学的な設定をする．その数学的な設定とは，いろいろな基本変形を A にほどこすことによって，行列の集合

$$\{A_\Sigma \mid \Sigma \text{ は任意の基本変形}\}$$

が得られるが，これに対応して，正の整数の集合

$$\{|d(A_\Sigma)| \mid \Sigma \text{ は任意の基本変形}\}$$

が得られる．この集合に含まれる最小の整数を d_1 とする．

したがって，A_Σ のある成分に $|d_1|$ か，$-|d_1|$ が現われるような基本変形 Σ が存在するが，(iii)′ の操作があるから，必要ならある行に -1 をかけることによって，$d_1 > 0$ と仮定してよい．

このようにして，適当な基本変形 Σ_1 をとると

$$A \longrightarrow A_{\Sigma_1} = \begin{pmatrix} \cdots & \cdots & \cdots \\ \cdots & d_1 & \cdots \\ \cdots & \cdots & \cdots \end{pmatrix} \quad (d_1 > 0)$$

となることがわかった．(i)′ の操作を行なうことによって，さらに

$$A_{\Sigma_1} \longrightarrow A_{\Sigma_2} = \begin{pmatrix} d_1 & * & * & * \\ * & & \cdots & \\ * & & \cdots & \\ * & & \cdots & \end{pmatrix}$$

とすることができる．ところが，ここで $*$ で表わした場所にある成分 (1 行目と 1 列目にある成分) は，すべて d_1 の倍数である．なぜなら，たとえば 1 行 2 列目の成分 $\tilde{a}_{12}$ をとって，d_1 で割り

$$\tilde{a}_{12} = qd_1 + r, \quad 0 \leqq r < d_1$$

とし，$r > 0$ と仮定してみる．そうすると，(ii)′ の操作によって，1 列目に q をかけて，2 列目から引くと，A_{Σ_2} は

$$\begin{pmatrix} d_1 & r & * & * \\ * & & \cdots & \\ * & & \cdots & \\ * & & \cdots & \end{pmatrix} \tag{4}$$

となる．A を基本変形した行列の中に，d_1 より小さい正の整数 r が現われることは，d_1 のとり方に矛盾している．これで $r=0$，したがって $\tilde{a}_{12}$ は d_1 の倍数であることがわかった．

(4) で $r=0$ だから，(4) は同時に，1 行 2 列の成分は，A_{Σ_2} から基本変形することによって 0 とすることができることを示している．1 行目，1 列目のほかの成分についても同様だから，結局，適当な基本変形によって

$$A_{\Sigma_2} \longrightarrow A_{\Sigma_3} = \begin{pmatrix} d_1 & 0 & 0 & \cdots & 0 \\ 0 & & & & \\ 0 & & & \tilde{A} & \\ \vdots & & & & \\ 0 & & & & \end{pmatrix}$$

となることがわかった．

$\tilde{A}$ の成分がすべて 0 ならば，これで (♣) は証明されたことになる．$\tilde{A}$ が零行列でなかったら，いまと同じ操作を $\tilde{A}$ に行なっていく．

このようにして，A から出発して適当に基本変形をほどこしていくことにより，対角型の行列

$$\begin{pmatrix} d_1 & & & 0 \\ & d_2 & & \\ & & \ddots & \\ 0 & & & \ddots \end{pmatrix} \tag{5}$$

が得られることがわかった．

最後に d_1 は d_2 の約数となっていることを確かめておこう．それをみるには，(5) をもう一度基本変形して 2 行目を 1 行目に加えてみるとよい．そのとき 1 行目は $(d_1, d_2, \ldots)$ とかわり，前の議論から，d_2 は d_1 で割りきれることがわかる．同様にして，各 d_{i-1} は d_i の約数である．

$d_1, d_2, \ldots$ のうち，最初に現われる 1 だけを取り出して別にかくことにすると (3) の形になる．これで (♣) が完全に証明された．

Tea Time

質問　2つの有限生成的なアーベル群があったとき，ねじれ群の位数$(d_1, d_2, \ldots, d_k)$と，自由部分の階数sが一致していれば，この2つのアーベル群は同型であると結論できるわけでしょうか．そうすると，アーベル群というのは，前の数で割りきれるような系列$d_1, d_2, \ldots, d_k$と，負でない整数sだけで決まってしまうことになり，結局，簡単な構造をもつものだったということになるのでしょうか．

答　その通りである．実数$\boldsymbol{R}$も加法でアーベル群になっているのに，この2講では，$\boldsymbol{Z}$だけが主役として登場してきた．なぜかと思われるかもしれないが，$\boldsymbol{R}$は，有限生成的ではないからである．有理数全体のつくる加群も有限生成的ではない．有限生成的なアーベル群とは，空間的な感じでは格子の点のように，群の元が配列していると考えられるようなものである．このたとえでは，生成元を1つ加えることは，格子点を1つ進むことであり，アーベル群の可換性とは，1つの格子点から別の点へ行くのに，どの格子に沿う道をとっても，結果は同じだ——遠くへまわり道して行けば，必ずまた同じだけ戻ってこなくてはならない——ということを述べている．有限生成的なアーベル群が，どのようなものかということを，このように直観的に大体感じとることができるということは，構造の簡単さを示しているともいえるだろう．

第 22 講

基　本　群

テーマ

- ◆ 曲面上の閉曲線
- ◆ ホモトープ
- ◆ ホモトピー類の積と逆元
- ◆ 曲面上の基本群
- ◆ ドーナツ面の基本群
- ◆ 2つ穴のあいた面の基本群

3つの曲面

可換群の話はひとまず終ったので，また一般の群の話へと戻るのであるが，この講は，いわば幕あいの講である．群論の席を少しの間外して，トポロジーの方へ席を移し，そこから群の例を1つもってきて，話をしてみることにしよう．この講全体が Tea Time のようなものになってしまうかもしれない．

さて，話は図29で示してあるような，3つの曲面の上の‘出来事’である．(a) は球面であり，(b) はドーナツ面であり，(c) はドーナツ面にもう1つ穴のあいた曲面である．おのおのの曲面の上には，点 P と，P から出発して P に戻る閉曲線が1つ描かれている．これらの曲線はすべて1つの共通な性質をもっ

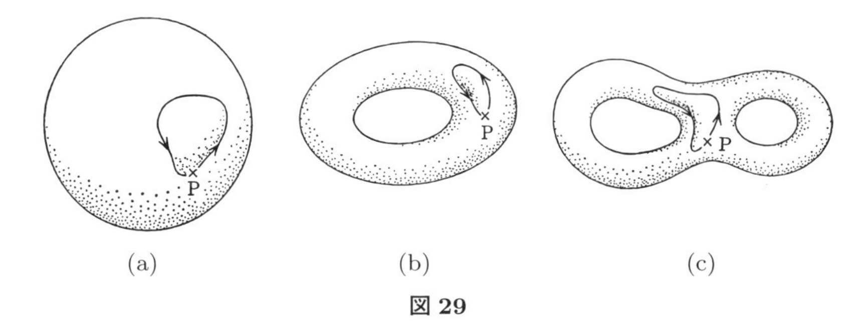

図 29

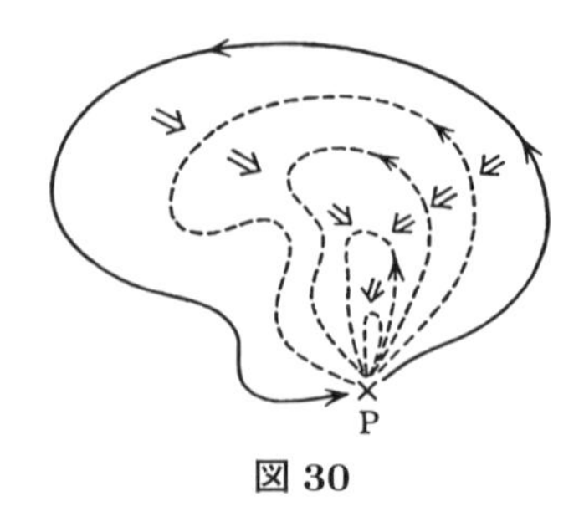

図 30

ている．それは，これらの曲線は，出発点(終点) P をとめておいて，曲面上で少しずつ連続的に変形していくと，点 P に‘つぶす’ことができるという性質である．‘つぶす’といういい方で何をいおうとしているかは，図 30 を見ていただいた方が早わかりする．いわば輪ゴムが連続的に 1 点に収縮していくような状況である．このようなとき，閉曲線は，点 P にホモトープであるという．

ホモトープ

しかし，曲面上の閉曲線が，いつも 1 点 P にホモトープとは限らない．複雑な曲線でも P にホモトープになることもあるし，簡単な曲線でも P にホモトープにならないこともある．

たとえば，図 31 で，球面上にかいてある閉曲線は複雑な形をしているが，これは点 P にホモトープである．テニスボールの上に糸を巻きつけるとき，かなり複雑に巻きつけて，さて結ぼうと思った途端に，糸が球面を滑って糸玉となってしまう——1 点に集まってしまう——ことは，誰でも経験したことだろう．

一方，ドーナツ面にかいてある 2 つの閉曲線 C, C' は曲線としては簡単だが，点 P にホモトープではない．それは直観的には，ほとんど明らかなことであろう．C' でいえばどんなに連続的に C' を変形してみても，穴のまわりを一周するという性質は保たれていなくてはならない．1 点 P にまで縮まらないのである．

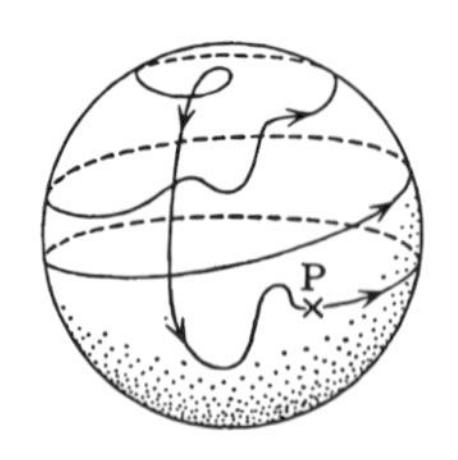

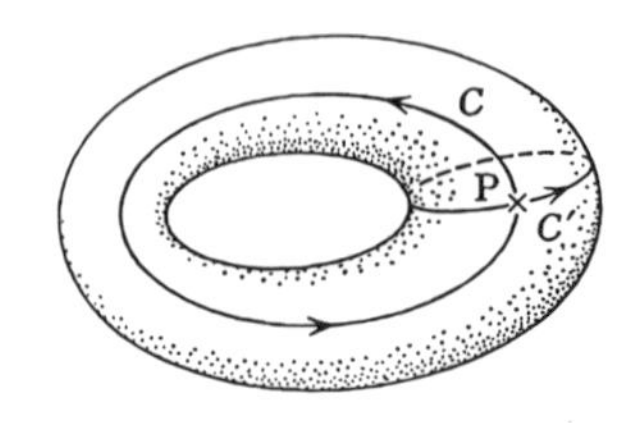

図 31

それでは，C を連続的に変形していって，C' に達することができるだろうか．この答も否定的である．否定的であることは，C をどのように変形しても，C' と必ず交わるという性質をとり除くことができないことからわかる (C' 自身は，少し動かすと C' と交わらないようにできる)．

一般の曲面上では，互いに連続的に移り合える閉曲線と，そうでない閉曲線が存在する．そこで次の定義をおく．

【定義】 曲面上に 2 つの閉曲線 C と C' が与えられたとする．C を連続的に変形していって，C' が得られるとき，C と C' はホモトープであるという．

前には，閉曲線 C が 1 点 P にホモトープであるといういい方をしたが，点 P も，点ではなくて，P でじっとしている曲線 (定数曲線) と考えておけば，上の定義に加えておいてもよい．

閉　曲　線

いままで簡単に閉曲線といってきたが，定義だけは，きちんと与えておいた方がよいかもしれない．

数直線上の単位区間 [0, 1] から曲面への連続写像

$$C : [0,1] \longrightarrow \text{曲面}$$

があって，$C(0) = C(1) = \mathrm{P}$ をみたすとき，C のことを，P を基点とする閉曲線という．

特にすべての t $(0 \leqq t \leqq 1)$ に対して，$C(t) = \mathrm{P}$ のときが，すぐ上に述べた ‘P でじっとしている’ 曲線である．

C が閉曲線のとき，

$$\tilde{C}(t) = C(1-t), \quad 0 \leqq t \leqq 1$$

とおくと，$\tilde{C}$ もまた閉曲線となる．$\tilde{C}$ は，C と逆向きに進む閉曲線である．$\tilde{C}$ を C^{-1} とかくことにしよう．

なお，このように曲線を定義しておくと，C と C' がホモトープであるということは，$[0,1] \times [0,1]$ から曲面への連続写像 $(s,t) \to C_s(t)$ があって，$C_s(0) = C_s(1) = \mathrm{P}$ $(0 \leqq s \leqq 1)$，$C_0(t) = C(t)$，$C_1(t) = C'(t)$ となることである．

ホモトピー類

曲面上の点Pを基点とする2つの閉曲線 C と C' が，(Pをとめて) ホモトープのとき，C と C' は同じホモトピー類に属するといい，$C \sim C'$ で表わす．

このとき次の性質が成り立つ．

$$C \sim C;\ C \sim C' \implies C' \sim C;$$
$$C \sim C',\ C' \sim C'' \implies C \sim C''$$

このことは，同じホモトピー類に属するという性質が同値関係となっていることを示しており，したがって同値なものをひとまとめにすることにより，Pを基点とする閉曲線全体の集合が類別される．1つ1つの同値類をホモトピー類といい，閉曲線 C を含むホモトピー類を $[C]$ で表わす．

図32では，ドーナツ面上で，同じホモトピー類に属する閉曲線を，上の図と下の図に描いておいた．

注意深い読者は，閉曲線の定義でパラメータを導入すると，同じ道でも，スピードを変えて車が走るときにはすべて区別しなければならず，煩わしいことだと感じられたかもしれない．実際，$C(t)$ と $\tilde{C}(t) = C(t^2)$　$(0 \leqq t \leqq 1)$ は，同じ道を走るのだが，スピードが，t と t^2 で，異なった閉曲線を定義することとなっている．しかし，速度 t^2 で走っている自動車もスピードを徐々に調整して，速度 t で走っている自動車に並んで走ることができる．このことは $C \sim \tilde{C}$ を示しており，したがって $[C] = [\tilde{C}]$ である．したがって，ホモトピー類へと移れば，パラメータの考慮は，あまり必要がなくなってくるのである．

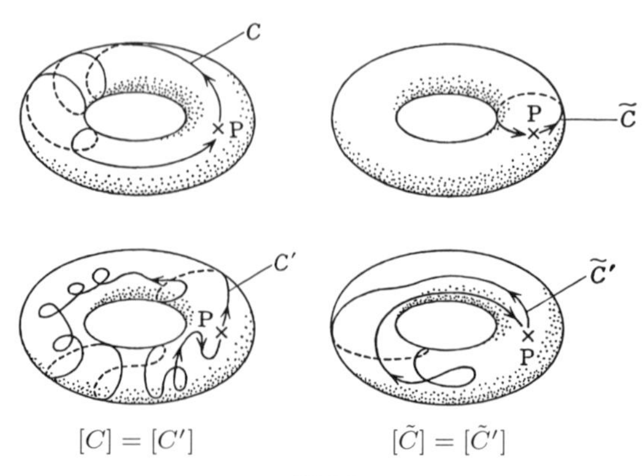

図 32

ホモトピー類の演算

このような，P を‘基点’とする閉曲線のホモトピー類に，‘積’を定義することができる．

積：2 つの閉曲線 C_1, C_2 が与えられたとき，P から C_2 に沿って出発し，一度 P に戻って，次に C_1 に沿ってもう一度出発して，P に戻る．このようにすることによって，いわば C_2 と C_1 をつないだ閉曲線が得られる．これを C_1C_2 と表わす．

$$C_1 \sim C_1', \quad C_2 \sim C_2' \Longrightarrow C_1C_2 \sim C_1'C_2'$$

はすぐに確かめられる．このことは，ホモトピー類として，$[C_1]$, $[C_2]$ によって $[C_1C_2]$ が確定することを意味している．そこで

$$[C_1]\,[C_2] = [C_1C_2]$$

とおき，$[C_1][C_2]$ を，ホモトピー類 $[C_1]$ と $[C_2]$ の積という．

図 33 で，$[C_1][C_2]$ に含まれる閉曲線の例を示しておいた．

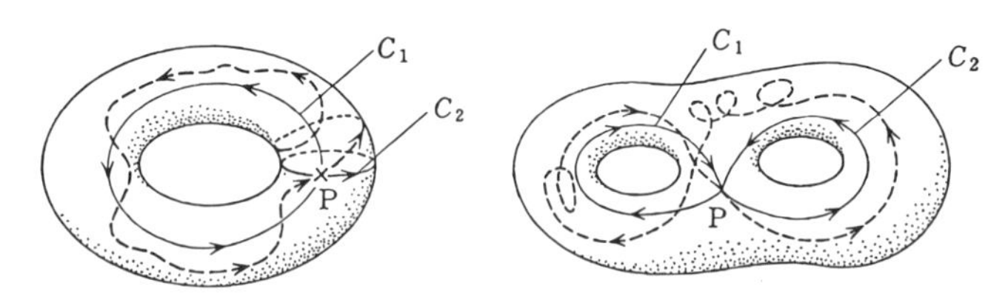

---- で表わされている曲線は
$[C_1][C_2]$ に含まれている

図 33

単位元：この積で，単位元の役目をするのは，点 P (定数曲線) にホモトープな閉曲線のつくるホモトピー類 [P] である．

実際，[P] に属する閉曲線を $\tilde{C}$ とし，任意の閉曲線 C と積 $\tilde{C}C$ をつくってみると，$\tilde{C}$ の方は，基点 P へと連続的に‘つぶしていく’ことができるのだから，$\tilde{C}C \sim C$ である．このことは $[\tilde{C}][C] = [\mathrm{P}][C] = [C]$ を示している．同様に考えて $[C][\mathrm{P}] = [C]$.

逆元：閉曲線 C に対し，逆向きにまわる C^{-1} を含むホモトピー類 $[C^{-1}]$ を

考え,

$$[C]^{-1} = [C^{-1}]$$

とおく．そして $[C]^{-1}$ を $[C]$ の逆元という.

基　本　群

この演算によって，点Pを基点とする曲面上の閉曲線全体のつくるホモトピー類の集合は，群をつくる．この群を，曲面の基本群という.

図34では，$[C]^{-1}[C] = [\mathrm{P}]$ (=単位元) となることを示しておいた.

以下，[P] を基本群の単位元として e で表わす.

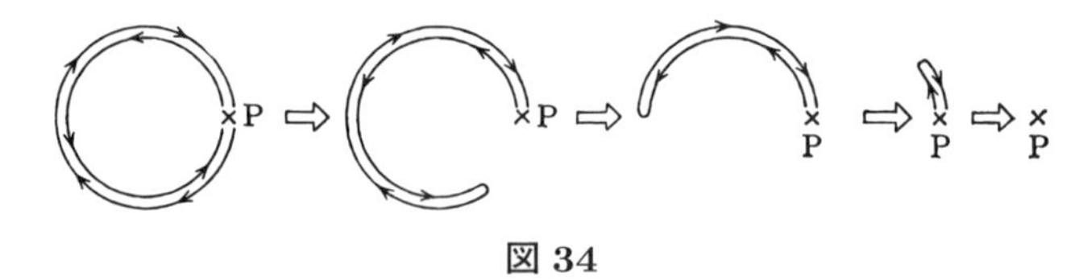

図 34

球面の基本群

球面上の，Pを基点とする閉曲線は，すべてPにホモトープなのだから,

球面の基本群は単位元だけからなる.

ドーナツ面の基本群

図35で示したような，Pを基点とする2つの閉曲線を C, C' とし，それぞれのホモトピー類を a, b で表わす．a, b は基本群の元である.

$$a = [C], \quad b = [C']$$

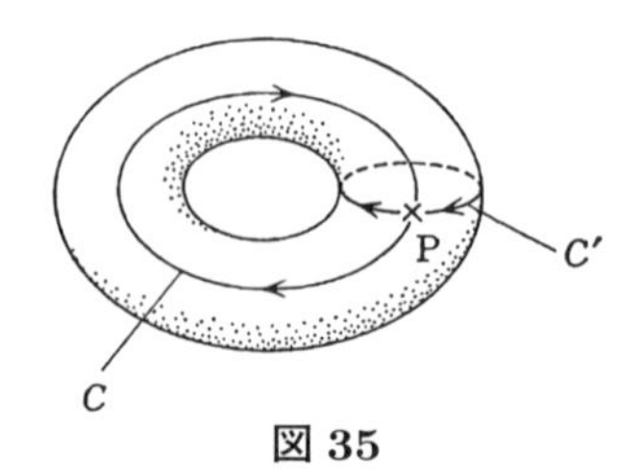

図 35

たとえば，基本群の中で，a^3b は，まず C' に沿って1回，次に C に沿って3回ぐるぐるまわる閉曲線のホモトピー類を示している．a と b は，基本群の中で異なる元となっているが，ab と ba は，等しいのか，違うのかは気になるところである．しかし，実は $ab = ba$ が成り立つ (Tea Time 参照).

ドーナツ面の基本群は，a から生成された無限巡回群と b から生成された無限巡回群の直積として表わされる可換群である．

すなわち，a に $\boldsymbol{Z} \times \boldsymbol{Z}$ の元 (1, 0)，b に $\boldsymbol{Z} \times \boldsymbol{Z}$ の元 (0, 1) を対応させると，この対応で，基本群と $\boldsymbol{Z} \times \boldsymbol{Z}$ が同型になるのである．このとき $a^m b^n$ には $\boldsymbol{Z} \times \boldsymbol{Z}$ の元 (m, n) が対応する．

同じ結果を次のようにもいう (第 23 講参照).

ドーナツ面の基本群は，a と b から生成される．a と b の関係は

$$aba^{-1}b^{-1} = e \tag{1}$$

だけである．

2 つ穴のあいた面の基本群

2 つ穴のあいた曲面上で，図 36 で示してあるような，P を基点とする 4 つの閉曲線 $C, C', \tilde{C}, \tilde{C}'$ をとる．このそれぞれが表わすホモトピー類，したがって基本群の元を，a_1, b_1, a_2, b_2 で表わす：

$$a_1 = [C], \quad b_1 = [C']$$

$$a_2 = [\tilde{C}], \quad b_2 = [\tilde{C}']$$

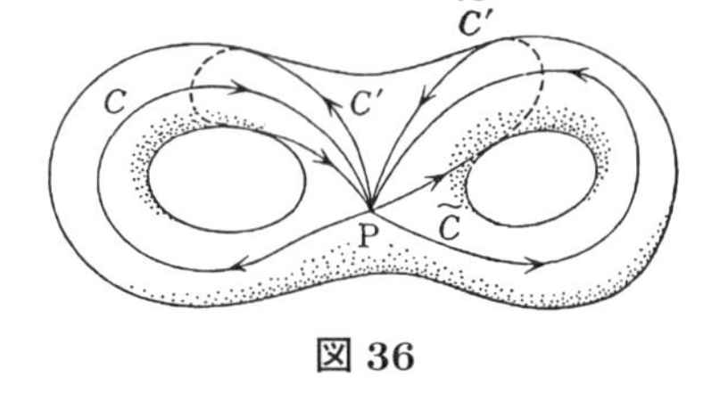

図 36

このとき，次の結果が知られている．

2 つ穴のあいた曲面の基本群は，a_1, b_1, a_2, b_2 から生成される．a_1, b_1, a_2, b_2 の間に成り立つ関係は

$$a_1 b_1 {a_1}^{-1} {b_1}^{-1} a_2 b_2 {a_2}^{-1} {b_2}^{-1} = e \tag{2}$$

だけである．

ここでいっていることは，この場合，基本群の元は

$${a_1}^3 {b_1}^{-6} a_2 {a_1}^2 \quad や \quad {a_2}^{-7} a_1 {b_2}^{-1} {b_1}^3 {b_2}^5 a_2$$

のように表わされるということである．これらは，ある意味で，これ以上簡約化することができない．このような表示が本当に簡単になるのは，表示の中に関係式 (2) が直接現われるようなときだけである．特に

$$a_1b_1 \neq b_1a_1, \quad a_2b_2 \neq b_2a_2$$

であって，基本群は非可換であり，複雑な構造をしている．

2つ穴のあいた曲面などは，よく見なれたごくふつうの曲面であるが，この曲面に，非常に複雑なかけ算の規則をもつ群——基本群——が隠されていたということは，やはり1つの驚きである．

Tea Time

質問　この講義でのお話は，群が具体的な対象から構成されていく様子が実に鮮やかで面白いと思いました．非可換群など，簡単な図形などからはあまり登場するものではないと思っていましたが，そうではないことを知って，少しびっくりしました．ところで(1)と(2)の関係式ですが，証明してみようと思ってドーナツ面と，2つ穴のあいた曲面上で曲線をかいて，いろいろ変形してみたのですが，曲線がからみ合って，うまく証明できませんでした．何か，僕にもすぐわかる証明法はあるのでしょうか．

答　ドーナツ面に対する(1)の関係は，次のように簡単に示すことができる．図37で示してあるように，ドーナツ面は，長方形の相対する辺を，同一視する(糊で貼り合わせる)ことによって得られる．このとき，a, bとかいてある辺が，貼り合わせると，ドーナツ面上で，基本群の元a, bを代表する曲線となっている．長方形の辺上に記してある基点Pから出発して，長方形の辺上を一周する曲線は，向きに注意すると，ドーナツ面に移すと，ちょうど基本群の元$a^{-1}b^{-1}ab$を表わしていることがわかる．しかしこの閉曲線は，長方形の方で考えれば明らかに，点Pにまで連続的に変形していくことができる(図38)．このことは$a^{-1}b^{-1}ab = e$ $\left(aba^{-1}b^{-1} = e\right.$とかいても同じ！$\left.\right)$が成り立つことを示している．

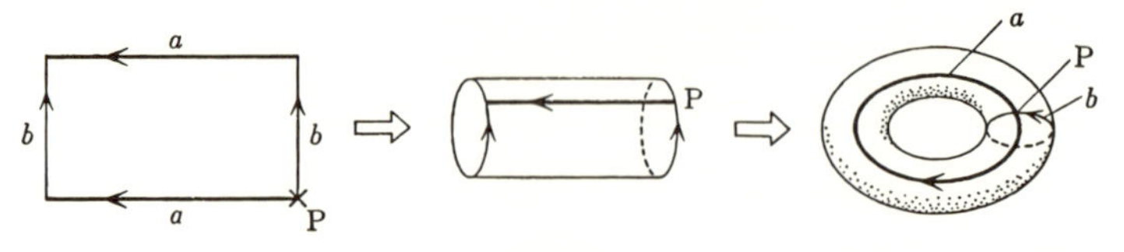

図 37

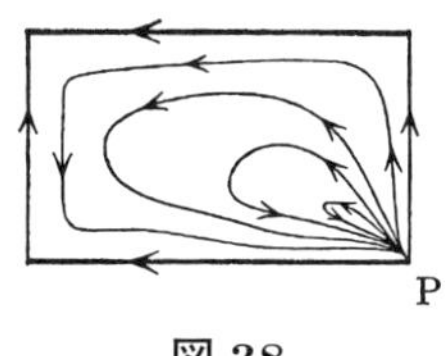

図 38

穴が2つあいた曲面に対しても，同様の考えを適用して (2) が成り立つことを示すことができるのだが，少しトポロジーの準備がいるので，ここでは省略しよう．

第 23 講

生成元と関係

テーマ
- ◆ 基本群の生成元と関係
- ◆ 生成元の間に関係がない例——3 つの円周を 1 点でつないだ図形の基本群
- ◆ 自由群 F_3
- ◆ 自由群 F_3 に関係を導入してみる.

基本群の生成元と関係

前講の基本群でみたように，数学のさまざまな対象の中から，群を抽出しようとするときには，まず群を生成する生成元をみつけて，それから次に，この生成元の間に成り立つ関係を見出すというプロセスをとることが多い．生成元と，生成元の間に成り立つ関係によって，調べようとする数学的な対象の中にある性質が，群の性質として浮かび上がり，対象の中に複雑に絡み合っている様相を代数的な手段で調べる道が拓かれてくるのである．

ドーナツ面のときでも，2 つ穴の曲面のときでも，ぐるぐると曲面上をまわる道を想像したとき，ドーナツ面上では，生成元が 2 つ，2 つ穴の曲面のときは 4 つあるということは，大体直観的に察しがつくのである．要するに穴のまわりをまわるか，穴とクロスする方向でまわるかである．

難しいのは，むしろこれら生成元の関係を見出すことであって，ドーナツ面のとき，基本群が可換となり，2 つ穴の曲面のときは基本群が非可換になったということは，2 つ穴の曲面の方がドーナツ面に比べ，道のまわり方の様相がずっと複雑になったことを示している．

なお，ついでに述べておくと，q 個の穴のあいた曲面でも，やはり基本群を考えることができるが，このとき基本群の生成元は，i 番目の穴のまわりを一周する閉曲線が代表する a_i と，i 番目の穴をクロスする方向で外側から内側へと一周する閉曲線が代表する b_i，合わせて $2q$ 個

$$a_1, b_1, a_2, b_2, \ldots, a_q, b_q$$

からなる．これらの生成元の間に成り立つ基本関係は

$$a_1 b_1 {a_1}^{-1} {b_1}^{-1} a_2 b_2 {a_2}^{-1} {b_2}^{-1} \cdots a_q b_q {a_q}^{-1} {b_q}^{-1} = e$$

だけである．

穴の数が増えるにつれて，基本群の構造はますます複雑となり，非可換の様相を強めていくことが推察されるだろう．

関係をもたない生成元

しかし，場合によっては具体的な例でも，群を生成する生成元どうしの間に，何の関係もないときもある．

いま，図 39 で示したように，1 点 P からクローバーの葉のように出る 3 つの円周を考える．P から出発してそれぞれの円周を一周して P に戻る曲線を a, b, c とする．もちろん，一周するといっても，速くまわる人もいるし，おそくまわる人もいる．だから，曲線とかいたが，正確には，曲線の定義するホモトピー類の意味である．ホモトピー類にしておくならば，速いおそい——パラメータのとり方——には，関係ない．

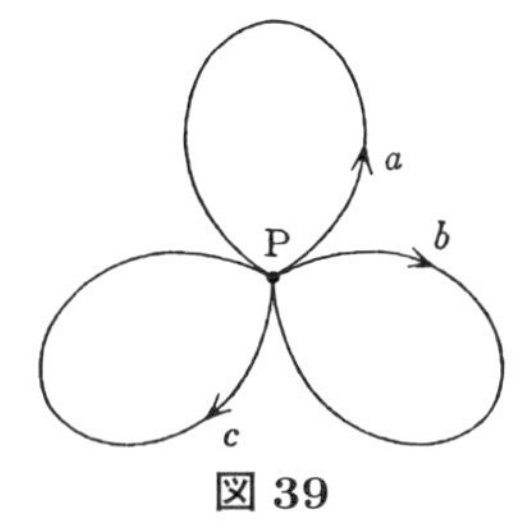

図 39

a, b, c と逆向きにまわる曲線を a^{-1}, b^{-1}, c^{-1} とする．また点 P を定数曲線と考えてこれを e とおく．

そうすると，曲面のときと同様にして，P を基点とする基本群を考えることができる．P から P に戻る曲線のホモトピー類の全体のつくる群を考えるわけである．ところが，1 つの円周をまわりきらないで，もとに戻ってしまう曲線は，単位元 e とホモトープとなる．このことに注意すると，この基本群の生成元は，本当に円周を一周してしまう曲線，a, b, c で与えられることがわかる．

たとえば

$$c^2 a b^{-2} a^3 c^5$$

は，c を5回まわり，a を3回まわり，b を逆方向に2回まわり，a を1回まわり，c を2回まわる閉曲線が定義する，基本群の元を示している．

この場合，$ab \neq ba$ のようなことは，直観的にも明らかなことだろう．たとえばホモトピー類 ab に含まれる曲線とはどのようなものかを知るために，Pから出発して b の道を通ってPへ戻り，次に a の道を一周してPに戻る自動車を想像しよう．出発点と終点は固定されており，道も決まっているのだから(曲面のときのように，曲線を動かして形を変えられない！)この制限の中で動く自動車は，せいぜいスピードを変えるか，少し引き返してまた進むかして，ab のホモトピー類の中を変化してみるだけである．したがって，この自動車が，a を先に，次に b を，という逆順の道をとれるようなことは絶対にない．すなわち $ab \neq ba$ である．

このことから，いまの場合，基本群の元の a, b, c の間には，$aa^{-1} = e$ のような関係以外には何の関係もなくて，a, b, c (と a^{-1}, b^{-1}, c^{-1}) を使ってかいた任意の配列——'語' (word！)——

$$aabca^{-1}bbbc^{-1}c^{-1}$$

や，

$$cccbbbbba^{-1}ba^{-1}b$$

などはすべて基本群の異なった元を表わしていることがわかる．

このように，元 a, b, c の間には何の関係もない——一切の束縛から自由である——という意味で，いま述べてきたことを次のようにまとめておく．

3つの円周を1点でつないだ図形の基本群は，3つの元 a, b, c から生成される自由群である．

自由群の一般的な定義は次講で与えることにしよう．

自由群 F_3

図形を離れて，群の構造だけに注目して，いま得られたばかりの群——3つの元 a, b, c から生成される自由群——を，F_3 と表わすことにしよう．

F_3 には，群としての最小の基本関係

$$\begin{aligned} aa^{-1} &= a^{-1}a = e \\ bb^{-1} &= b^{-1}b = e \\ cc^{-1} &= c^{-1}c = e \end{aligned} \tag{1}$$

しかない．

F_3 の元は，単位元 e と，$a, b, c, a^{-1}, b^{-1}, c^{-1}$ を適当に並べて得られる‘語’からなっている (次講で厳密な定義を与える)．‘語’というのは，アルファベットがこの 6 文字しかない国の，すべての可能なスペルが F_3 の元として現われてくるということである

語をつくるルールは，$a, b, c, a^{-1}, b^{-1}, c^{-1}$ を勝手な順序で，繰り返しを許して何度もとって，それを並べるというだけである．ただ，a, a^{-1}；b, b^{-1}；c, c^{-1} が隣り合って並んでいるときだけ，(1) にしたがって，単位元にする．

たとえば

$$x = bba^{-1}ccacca^{-1} \tag{2}$$

や

$$y = bc^{-1}ab^{-1}b^{-1} \tag{3}$$

は，F_3 の元であって，この 2 つの元の積 xy は

$$xy = bba^{-1}ccacca^{-1}bc^{-1}ab^{-1}b^{-1}$$

となる．また

$$\begin{aligned} yx &= bc^{-1}ab^{-1}b^{-1}bba^{-1}ccacca^{-1} \\ &= bcacca^{-1} \end{aligned}$$

となる．したがって $xy \neq yx$．x の逆元 x^{-1} は

$$x^{-1} = ac^{-1}c^{-1}a^{-1}c^{-1}c^{-1}ab^{-1}b^{-1}$$

で与えられる．

F_3 は，どんな長い‘語’も含むから，F_3 は非可換な無限群である．

関係の導入

自由群の中に，関係を導入して，新しい群を構成していくことは，第 25 講で詳しく述べるが，たとえば，F_3 の生成元 a, b, c に対して，新たに

$$a^2 = e, \quad b^2 = e, \quad c^2 = e \tag{4}$$

という関係 (束縛条件！) を課してみると，(2) と (3) は

$$\tilde{x} = b^2a^{-1}c^2ac^2a^{-1} = a^{-1}aa^{-1} = a^{-1} = a$$
$$\tilde{y} = bcab^2 = bca$$

となってしまう．ここで関係 (4) から $a = a^{-1}$, $b = b^{-1}$ となることを用いた．

また，もし，a, b, c の間に関係

$$aba^{-1}b^{-1} = e, \quad bcb^{-1}c^{-1} = e, \quad aca^{-1}c^{-1} = e \tag{5}$$

を導入してみると，生成元の間に可換則 $ab = ba$, $bc = cb$, $ac = ca$ が成り立つことになって，(2) と (3) は今度は

$$\tilde{\tilde{x}} = a^{-1}b^2c^4$$
$$\tilde{\tilde{y}} = ab^{-1}c^{-1}$$

となる ($ab = ba$ の両辺に両側から b^{-1} をかけると，$b^{-1}a = ab^{-1}$，すなわち a と b^{-1} も可換であるという関係が得られることに注意)．

非可換群 F_3 は，関係 (5) を導入すると可換群へ転換される．このようにして得られた可換群は実際は $\boldsymbol{Z} \times \boldsymbol{Z} \times \boldsymbol{Z}$ に同型である．この同型は a に (1, 0, 0)，b に (0, 1, 0)，c に (0, 0, 1) を対応させて得られるから，この同型によって，$\tilde{\tilde{x}}$ は，$\boldsymbol{Z} \times \boldsymbol{Z} \times \boldsymbol{Z}$ の元 $(-1, 2, 4)$ に，$\tilde{\tilde{y}}$ は $(1, -1, -1)$ に対応していることになる．

(5) にさらに関係

$$a^5 = e, \quad b^3 = e$$

という関係を加えると，F_3 から今度は

$$\boldsymbol{Z}_5 \times \boldsymbol{Z}_3 \times \boldsymbol{Z}$$

に同型な群が生まれてくる．

Tea Time

群の元の個数，有限群と自由群の違い

群 G が有限群のときには，G の部分集合 S に含まれている元の個数 $|S|$ は，いつでも数えることができる．また，G の任意の元 g に対して，対応 $a \to ga$ $(a \in G)$

は，G から G の上への 1 対 1 対応だから，この対応で S の移った先 gS も，もちろん S と同じ個数の元からなっている：$|gS| = |S|$.

G が無限群であっても，対応 $a \to ga$ $(a \in G)$ が，G から G の上への 1 対 1 対応であるという事情は少しも変わらない．だから，私たちは，G の無限部分集合 S に対して，S の元の個数というものを考えることができないとしても，S と gS は，やはりいつでも大体同じ大きさになっているだろうと，漠然と想像しがちである．

ところが，自由群でみる限り，この単純な，しかしいかにももっともらしい想像はどうも正しくないといってよいようである．これからそのことを少し説明してみよう．いま群 G として，2 つの生成元 a, b から生成された自由群 F_2 をとる．F_2 の元は，単位元 e 以外は，‘語’ の最初に，a がくるか，b がくるか，a^{-1} がくるか，b^{-1} がくるかの 4 通りの表わし方のいずれかで表わされる．そこで

$$W(a) = \{\text{最初に } a \text{ がくる語の全体}\}$$

とおく．同様に $W(b)$, $W(a^{-1})$, $W(b^{-1})$ を定義する．このとき，F_2 は

$$F_2 = \{e\} \cup W(a) \cup W(b) \cup W(a^{-1}) \cup W(b^{-1}) \qquad (*)$$

と，共通元のない 5 つの部分集合に分解される．

いま，$W(a)$ に属さない任意の元 x をとって

$$x = a(a^{-1}x)$$

とかき直してみる．x の語頭は a ではないから，$a^{-1}x$ の語頭は a^{-1} からはじまっており，したがって

$$x \in aW(a^{-1})$$

である．x は $W(a)$ に属さない任意の元でよかったのだから，このことは

$$F_2 = W(a) \cup aW(a^{-1}) \qquad (**)$$

を示している．同様に

$$F_2 = W(b) \cup bW(b^{-1}) \qquad (***)$$

となる．

もし前の想像が正しければ，$aW(a^{-1})$ と $W(a^{-1})$ が同じ ‘大きさ’ をもつことになるから，(**) は F_2 が $W(a)$ と同じ ‘大きさ’ の 2 つの集合にわけられたことを示している．(***) も似たようなことをいっている．

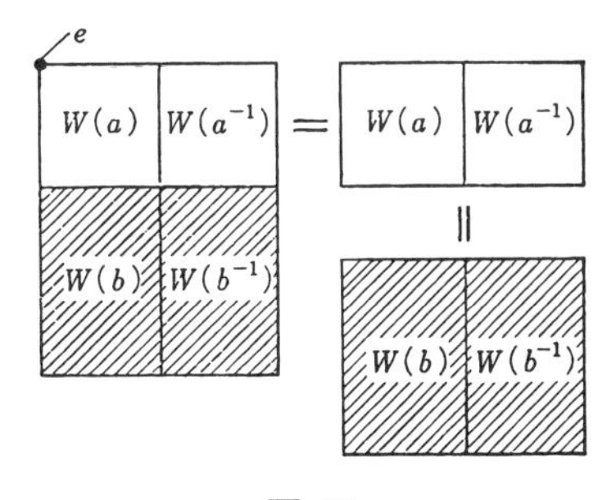

図 40

したがって想像が正しかったとして，

$(*)$，$(**)$，$(***)$ を概念的に図示すると．図 40 のようになる．これはいかにもおかしい．このことは，有限群のときのように，個数を数えて大きさを測るような考えが，自由群 F_2 には導入できないことを示している．このことについては，第 28 講の Tea Time でもう一度とり上げることにしよう．

第 24 講

自 由 群

テーマ
- ◆ 語，簡約化された語
- ◆ 簡約化された語の積
- ◆ 集合 X 上の自由群 $F(X)$
- ◆ 階数 n の自由群 F_n
- ◆ 任意の群は自由群の商群となる．

語 (ワード)

前の 2 講での話で，読者は自由群とはどのようなものか，また，自由群の生成元の間に関係を与えることによって新しい群が誕生してくる状況とはどのようなものか，ということを大体察知されたのではないかと思う．その理解のもとで，ここでは，自由群についての一般論を少し述べてみよう．

X を空でない集合とする．X を‘アルファベット’の集合と考えて，X の中から有限個の元 (繰り返してとってもよい) $x_1, x_2, \ldots, x_s$ をとって，語 (ワード)

$$x_1{}^{m_1} x_2{}^{m_2} \cdots x_s{}^{m_s} \tag{1}$$

をつくる．ここで m_i はすべて整数である．

もし，この語で

$$x_i \neq x_{i+1} \quad (i = 1, 2, \ldots, s-1);\ 各\ m_i \neq 0$$

が成り立つとき，簡約化されているという．

語 (1) の配列を，積と思い，$m_1, m_2, \ldots, m_s$ をベキの指数と思って，同じ‘文字’が隣り合って並んでいるときには，指数法則のように指数を加えてひとまとめにしてしまい，$m_i = 0$ のときには，その文字を省いてしまうと，どんな語も，簡約化された語におきかえることができる．

たとえば，$X = \{x, y, z\}$ とし

$$w = x^7 x^{-5} y z^3 z^{-3} x^{-2} x^2 x y^3 z \tag{2}$$

とすると，w は

$$\begin{aligned}\bar{w} &= x^2 y z^0 x y^3 z \\ &= x^2 y x y^3 z\end{aligned}$$

と簡約化される．

語を簡約化した結果，指数 m_i がすべて 0 となるときがある．このときは，語は‘空なる語’となる．‘空なる語’は，単位元 $\mathbf{1}$ を表わすと考えることにする．

いくつかの結果

次のことを注意しておこう．

> 与えられた語 w を簡約化していく手続きは，一意的には決まらないが，簡約化された結果は，つねに一意的に決まる．

ここで述べていることは，(2) の w を簡約化する場合でも

$$\begin{aligned}w &= x^7 x^{-5}(y z^3 z^{-3}) x^{-2}(x^2 x) y^3 z \\ &= x^7 x^{-5} y x^{-2} x^3 y^3 z = x^2 y x y^3 z\end{aligned}$$

としても，

$$\begin{aligned}w &= (x^7 x^{-5} y z^3)(z^{-3} x^{-2} x^2 x y^3 z) \\ &= (x^2 y z^3)(z^{-3} x y^3 z) \\ &= x^2 y z^3 z^{-3} x y^3 z = x^2 y x y^3 z\end{aligned}$$

としても同じ結果に到達するということである．この当り前そうな結果でも，やはりきちんと証明して，正しいことを数学的に確かめることが必要であり，そしてそれができるというのである．

この結果によって，語 w に対して簡約化された語を対応させる対応

$$w \longrightarrow \bar{w}$$

が確定したことになる．明らかに，$\bar{\bar{w}} = \bar{w}$ である．

2 つの語 v, w が与えられたとき，v と w の vw とは，v の語の配列のあとに w の語の配列を続けておくことにより得られる語を表わすものとする．

このとき

$$\overline{vw} = \overline{\bar{v}\bar{w}} \tag{3}$$

が成り立つ (たとえば $\bar{v} = xy^{-2}$, $\bar{w} = y^2z$ は，それぞれ簡約化されているが，$\bar{v}\bar{w} = xy^{-2}y^2z$ は簡約化されていない．そのため，このような式が必要になる).

このことから，簡約化された 2 つの語 $\bar{v}, \bar{w}$ の積を

$$\bar{v} \cdot \bar{w} = \overline{\bar{v}\bar{w}} \tag{4}$$

で定義すると，$\bar{v} \cdot \bar{w}$ は簡約化された語であって，さらに結合則

$$\bar{u} \cdot (\bar{v} \cdot \bar{w}) = (\bar{u} \cdot \bar{v}) \cdot \bar{w} \tag{5}$$

が成り立つ．

実際，(4) によって

$$\begin{aligned}
\bar{u} \cdot (\bar{v} \cdot \bar{w}) &= \overline{\bar{u}(\overline{\bar{v}\bar{w}})} \\
&= \overline{\bar{u}(\overline{vw})} \quad ((3) \text{による}) \\
&= \overline{u(vw)} \quad ((3) \text{による}) \\
&= \overline{uvw}
\end{aligned}$$

同様にして $(\bar{u} \cdot \bar{v}) \cdot \bar{w} = \overline{uvw}$ となる．したがって結合則 (5) が成り立つ． ∎

自　由　群

【定義】 空でない集合 X が与えられたとき，X の元からつくられる簡約化された語の全体に，‘空なる語’ $\mathbf{1}$ をつけ加えることにより群が得られる．積は，(4) と

$$\mathbf{1} \cdot w = w \cdot \mathbf{1} = w$$

で定義する．このようにして得られた群を，X 上の自由群といい $F(X)$ により表わす．

$F(X)$ の単位元は $\mathbf{1}$ であり，

$$w = {x_1}^{m_1}{x_2}^{m_2} \cdots {x_s}^{m_s}$$

の逆元は

$$w^{-1} = {x_s}^{-m_s} \cdots {x_2}^{-m_2}{x_1}^{-m_1}$$

で与えられる．

以下，自由群 $F(X)$ の積を表わすのに，単に vw のようにかくことにする．

特に，n 個の元 $x_1, x_2, \ldots, x_n$ からなる集合の上の自由群を F_n と表わす．この自由群を，個数 n だけで決まるような記法で表わしてよいのは，次の結果があるからである．

> F_m と F_n が同型な群となるのは，$m = n$ のときだけである．

【証明】 この証明には，次講で述べる交換子群の概念を用いる．したがってここは，次講を読まれてから，改めて戻って読み直されるとよい．

F_m と F_n が同型であったとする．この同型対応で F_m の交換子群 $[F_m, F_m]$ は，F_n の交換子群 $[F_n, F_n]$ へと同型に移る．したがって

$$F_m/\,[F_m, F_m] \cong F_n/\,[F_n, F_n]$$

となるが，この左辺は $\boldsymbol{Z}^m$ に，右辺は $\boldsymbol{Z}^n$ に同型である．したがって $\boldsymbol{Z}^m \cong \boldsymbol{Z}^n$ となるから，$m = n$ が成り立たなくてはならない．■

F_n を階数 n の自由群という．

任意の群は自由群の商群となる

群 G の生成元といっても，いろいろなとり方がある．たとえば，n 次の対称群 S_n の場合，第 20 講の Tea Time でも述べたように，$\sigma = (1\ 2)$, $\tau = (1\ 2\ \cdots\ n)$ の 2 つを生成元としてとってもよいし，あるいは ${}_n\mathrm{C}_2$ 個の互換 $(i\ j)$ $(i < j)$ の全体を生成元としてとってもよい．最も極端な場合には，S_n の元全体——$n!$ 個の元——を生成元としてとってもよい．要するに，一般に群 G の生成元とは，それらの元と逆元を適当にとってかけ合わせると，G のすべての元が得られるようなものならよいのである．

どんな群 G にも生成元は存在する．たとえば生成元として G の元全体をとればよい．しかし，一般的な観点では，群の生成元はなるべく少なめにとって，この生成元の相互の間に成り立つ関係によって，群全体の構造を推測したいという希望がある．

さて，群 G が与えられたとき，生成元の集まりを 1 つとり，この集まりを S とおく．したがって G の任意の元 a は，S からとった有限個の $x_1, x_2, \ldots, x_s$ によって

$$a = {x_1}^{m_1}{x_2}^{m_2}\cdots{x_s}^{m_s} \tag{6}$$

と表わされる．ここで $m_1, m_2, \ldots, m_s$ は整数であって $m_1 = m_2 = \cdots = m_s = 0$ のときは，単位元を表わすとしてある．

S の上の自由群 $F(S)$ を考えよう．(1) と (6) を見比べると，$F(S)$ の元である簡約化された語

$$w = {x_1}^{m_1}{x_2}^{m_2}\cdots{x_s}^{m_s} \tag{1}$$

に対し，G の元

$$a = {x_1}^{m_1}{x_2}^{m_2}\cdots{x_s}^{m_s} \tag{6}$$

を対応させることにより，$F(S)$ から G の上への写像 Φ が得られる．

上の (1) と (6) の右辺は，まったく同じ式となっているから，区別が少しわかりにくいかもしれない．(1) は S の元をアルファベットとしてつくった語を表わし，(6) は G の元としての積を表わしている．

たとえば，群 G が $\boldsymbol{Z}_2 \times \boldsymbol{Z}_3$ のとき，$\boldsymbol{Z}_2$ の生成元 a $(2a = 0)$，$\boldsymbol{Z}_3$ の生成元 b $(3b = 0)$ をとり，$(a, 0) \in \boldsymbol{Z}_2 \times \boldsymbol{Z}_3$ と $(0, b) \in \boldsymbol{Z}_2 \times \boldsymbol{Z}_3$ を，それぞれ a, b と同一視して同じ記号で表わせば，$\{a, b\}$ は $\boldsymbol{Z}_2 \times \boldsymbol{Z}_3$ の生成元となっている．一方，a, b を単なるアルファベットと考えて，$S = \{a, b\}$ とおくと $F(S) = F_2$ である．対応 Φ によって

F_2 の語：　$abb,\ bab,\ a^3b,\ aba^2,\ ab^3a^3b,\ \ldots$

は

$\boldsymbol{Z}_2 \times \boldsymbol{Z}_3$ の元：　$a + 2b$

へと移っている．$\boldsymbol{Z}_2 \times \boldsymbol{Z}_3$ の元を加群の形でかいたから，少しわかりにくいかもしれないが，(6) のように乗法の形でかけば $a + 2b$ は ab^2 である．

このことから，(1) と (6) は本質的に違うものを表現していることがわかるだろう．

Φ は，$F(S)$ から G の上への準同型写像を与えている．実際 (1) のように表わされる元をもう 1 つとって，それを w' とすると，積 ww' は，w と w' を続けて並べて語をつくり，それを簡約化したものであるが，それはちょうど，Φ によって，$a = \Phi(w)$，$a' = \Phi(w')$ の積へと移されている (簡約化の操作：$F(S)$ の中で xx^{-1} を 1 におきかえることは，Φ で移せば，G の中では自動的に成り立ってい

る性質である).

したがって，第19講の準同型定理が適用されて，次の定理が成り立つことがわかった.

【定理】 $F(S)$ の適当な正規部分群 N をとると，同型対応

$$F(S)/N \cong G$$

が成り立つ.

すなわち，任意の群 G は，必ずある自由群——G の生成元の集合の上の自由群——の商群として得られるのである.

Tea Time

質問　自由群というものはどういうものか，もう少し知りたいと思って，自分で，階数2の自由群 F_2 のことを考えてみました．生成元を a, b とすると，

$$abaabbba, \quad bbaaaababaab$$

などは，逆元 a^{-1}, b^{-1} を含んでいませんから，すべて簡約化された表現になっています．ここでは a^3 を aaa などと並べてかいておきました．すると妙なことに気がつきました．a の代りに0とおき，b の代りに1とおくと，上の語は

$$01001110, \quad 110000101001 \qquad (*)$$

となり，これを0.01001110, 0.110000101001と読むと，[0, 1]区間にある2進展開した有限小数がすべて現われてくることになります．これでも，F_2 の元の一部分にすぎないのですから，F_2 はたくさんの元からなる群となります．僕が不思議に思うのは，こんな大きい群でも，正規部分群 N で割ると $F_2/N \cong \boldsymbol{Z}_2 \times \boldsymbol{Z}_3$ のように，わずか位数6の小さな群となってしまうことです．講義で示されたように，$\boldsymbol{Z}_2 \times \boldsymbol{Z}_3$ は生成元 $\tilde{a}, \tilde{b}$ をもっていますから (a, b の代り $\tilde{a}, \tilde{b}$ としましたが)，この結果は正しいと思います．なぜこんなことが起きるのでしょう.

答　F_2 も大きい群だが，F_2 を割る正規部分群 N もまた大きな群なのである．大きなものを大きなもので割っているから，結果は小さな群 $\boldsymbol{Z}_2 \times \boldsymbol{Z}_3$ が現われた

のである．たとえば，100000 は大きな数だが，大きな数 50000 で割ってしまえば，答は 2 となる．

いまの場合，対応 Φ を具体的に考えてみると，$\boldsymbol{Z}_2$ の生成元 $\tilde{a}$ は $2\tilde{a}=0$，$\boldsymbol{Z}_3$ の生成元は $3\tilde{b}=0$ をみたしている．このことは，00 と 0 が 2 つ並んだものは，Φ によって，$\boldsymbol{Z}_2 \times \boldsymbol{Z}_3$ の $\tilde{a}+\tilde{a}$，したがって (加群としての単位元) 0 へ移ることを示し，111 と 1 が 3 つ並んだものも 0 へ移ることを示している．また 0 と 1 を Φ で移してしまえば，$\tilde{a}$ と $\tilde{b}$ は可換となっている．したがって

$$0100111 \text{ には } \tilde{a}+\tilde{b}$$

が対応し，

$$110000101001 \text{ には } \tilde{a}+2\tilde{b}$$

が対応することになる．たとえば 2 番目の対応は，0 に $\tilde{a}$ を，1 に $\tilde{b}$ を対応させ，次に $\tilde{a},\tilde{b}$ の可換性を使うと，$7\tilde{a}+5\tilde{b}$ となるが，さらに関係 $2\tilde{a}=0$，$3\tilde{b}=0$ を使うと，$\tilde{a}+2\tilde{b}$ となるのである．

第 25 講

有限的に表示される群

テーマ
- ◆ 自由群と関係
- ◆ 階数 n の自由可換群は $F_n/[F_n, F_n]$ と表わされる.
- ◆ 有限的に表示される群
- ◆ 例
- ◆ 対称群 S_n の有限表示
- ◆ (Tea Time) 交換子群

自由群と関係

前講の最後に述べた定理は，どんな群でも，自由群の商群として表わされる，という定理であったが，自由群の方からいえば，自由に語をつくっていた‘アルファベット’の中に，たとえば a が 3 つ並んで aaa とあるときは，aaa は削除せよ，とか，uvw と並んでいるときは x とせよ，とか，いろいろの条件をつける——関係をおく——と，自由群はすっかり‘不自由’になってしまい，その結果そこにさまざまな群が登場してくるということになる.

具体的な群 G に対して，同型対応

$$F(S)/N \cong G$$

を与える N が，どのような形となって出てくるのかを，有限表示とよばれる場合につき少し調べてみたいと思う.

それに関しては，私たちは

‘G が有限生成的である’

場合に限って，話を進めていくことになる．G の有限個の生成元を $x_1, x_2, \ldots, x_n$ とし，

$$S = \{x_1, x_2, \ldots, x_n\}$$

とおくと，$F(S)$ は $x_1, x_2, \ldots, x_n$ から生成された階数 n の自由群 F_n となる．

G が階数 n の可換群のとき

G が階数 n の可換自由群のとき，すなわち

$$G = \boldsymbol{Z} \times \boldsymbol{Z} \times \cdots \times \boldsymbol{Z} \quad (n \text{ 個})$$

のとき，G の生成元として

$$a_1 = (1, 0, \ldots, 0), \quad a_2 = (0, 1, 0, \ldots, 0), \quad \ldots,$$
$$a_n = (0, \ldots, 0, 1)$$

をとる．このとき，F_n の適当な正規部分群 N をとると，同型写像 $\varPhi$ によって

$$\varPhi : F_n/N \cong G \tag{1}$$

となるが，この N はどのような群であるかを調べたい．

そのため準同型写像 $\bar{\varPhi} : F_n \to F_n/N \overset{\varPhi}{\to} G$ を考える．F_n は，階数 n の自由群である．F_n の n 個の生成元を $x_1, x_2, \ldots, x_n$ で表わし，

$$\bar{\varPhi}(x_i) = a_i \quad (i = 1, 2, \ldots, n)$$

とする．

任意の i, j $(i \neq j)$ に対し

$$\begin{aligned}\bar{\varPhi}(x_i x_j {x_i}^{-1} {x_j}^{-1}) &= \bar{\varPhi}(x_i) + \bar{\varPhi}(x_j) - \bar{\varPhi}(x_i) - \bar{\varPhi}(x_j) \\ &= a_i + a_j - a_i - a_j = 0\end{aligned}$$

である (G は加群としてある)．このことは (1) によって

$$x_i x_j {x_i}^{-1} {x_j}^{-1} \in N \tag{2}$$

となることを示している．

ここで次の記号を導入しておこう．

$$[x_i, x_j] = x_i x_j {x_i}^{-1} {x_j}^{-1}$$

とおき，$[x_i, x_j]$ を x_i と x_j の交換子という．

そのとき，(2) により，$[x_i, x_j] \in N$ であり，N は部分群だから，$[x_i, x_j]$ の形をした元の任意の有限個の積

$$[x_{i_1}, x_{i_2}]\,[x_{j_1}, x_{j_2}] \cdots [x_{k_1}, x_{k_2}] \tag{3}$$

も N に属していなくてはならない．そこで (3) の形で表わされる元全体の集合を $\tilde{N}$ とする．いま述べたことから

$$\tilde{N} \subset N$$

である.

$\tilde{N}$ は F_n の正規部分群となっていることを証明しよう．以下の (i) から (iv) はその証明である.

(i)　$v, w \in \tilde{N} \Longrightarrow vw \in \tilde{N}$

このことは v, w をそれぞれ (3) の形にかいておけば，vw は，v に現われる交換子と，w に現われる交換子を並べて積をとっただけだから，明らかに $vw \in \tilde{N}$.

(ii)　$w \in \tilde{N} \Longrightarrow w^{-1} \in \tilde{N}$

このことは，各交換子に対し $[x_i, x_j]^{-1} = (x_i x_j {x_i}^{-1} {x_j}^{-1})^{-1} = x_j x_i {x_j}^{-1} {x_i}^{-1}$ $= [x_j, x_i]$ が成り立つことからわかる.

(iii)　(i) と (ii) から，$\tilde{N}$ は F_n の部分群となっている.

(iv)　$\tilde{N}$ は F_n の正規部分群である.

まず任意の $u \in F_n$ に対し

$$\begin{aligned} u\,[x_i, x_j]\,u^{-1} &= u(x_i x_j {x_i}^{-1} {x_j}^{-1})u^{-1} \\ &= (ux_i u^{-1})(ux_j u^{-1})(ux_i u^{-1})^{-1}(ux_j u^{-1})^{-1} \\ &= [ux_i u^{-1},\ ux_j u^{-1}] \in \tilde{N} \end{aligned}$$

一方，(3) の左から u，右から u^{-1} を適用すると

$$\begin{aligned} &u\,[x_{i_1}, x_{i_2}]\,[x_{j_1}, x_{j_2}] \cdots [x_{k_1}, x_{k_2}]\,u^{-1} \\ &\quad = u\,[x_{i_1}, x_{i_2}]\,u^{-1} u\,[x_{j_1}, x_{j_2}]\,u^{-1} \cdots u\,[x_{k_1}, x_{k_2}]\,u^{-1} \end{aligned}$$

この 2 つのことから

$$u\tilde{N}u^{-1} \subset \tilde{N}$$

がわかり，これで $\tilde{N}$ が F_n の正規部分群となることが示された.

そこで最後に

$$\boxed{\tilde{N} = N}$$

となることを証明しよう.

【証明】　商群 $F_n/\tilde{N}$ を考え，F_n から $F_n/\tilde{N}$ の上への自然な準同型写像を $\tilde{\Phi}$ とする：

$$\tilde{\Phi} : F_n \longrightarrow F_n/\tilde{N}$$

F_n の生成元 $x_1, x_2, \ldots, x_n$ に対して，$[x_i, x_j] \in \tilde{N}$ によって，つねに $\tilde{\Phi}(x_i)\tilde{\Phi}(x_j) = \tilde{\Phi}(x_j)\tilde{\Phi}(x_i)$ が成り立っている．したがって $F_n/\tilde{N}$ は，$\tilde{\Phi}(x_1), \tilde{\Phi}(x_2), \ldots, \tilde{\Phi}(x_n)$ から生成された可換群である．以下で $F_n/\tilde{N}$ を加群で表わす．

もし，$\tilde{N} \subsetneqq N$ と仮定すると，$w \in N$ であるが，$w \notin \tilde{N}$ となる元 w が存在することになる．このことは，w を $\tilde{\Phi}, \Phi$ によって，それぞれ $F_n/\tilde{N}$，F_n/N へ移してみると，少なくとも 1 つは 0 でないような，適当な整数 m_i によって

$$\sum_{i=1}^{n} m_i \tilde{\Phi}(x_i) \neq 0$$

であるが，

$$\sum_{i=1}^{n} m_i \Phi(x_i) = \sum_{i=1}^{n} m_i a_i = 0$$

となることを示している (ここで，$\tilde{\Phi}, \Phi$ がそれぞれの剰余類への自然な対応であることを用いている)．$a_1, a_2, \ldots, a_n$ は $\boldsymbol{Z} \times \boldsymbol{Z} \times \cdots \times \boldsymbol{Z}$ の生成元であったから，下の式は

$$m_1 = m_2 = \cdots = m_n = 0$$

を示している．これは矛盾である．したがって $\tilde{N} = N$ が証明された． ∎

【定義】 $\tilde{N}$ を F_n の交換子群といい

$$[F_n, F_n]$$

で表わす．

この定義を用いると，いま示したことは

$$F_n/[F_n, F_n] \cong \boldsymbol{Z} \times \boldsymbol{Z} \times \cdots \times \boldsymbol{Z} = \boldsymbol{Z}^n$$

を示している．

これで, 前講で $F_m \cong F_n$ ならば $m = n$ であるとき用いた事実が証明されたことになる.

表　　示

上に述べたことは, $\boldsymbol{Z}^n = \boldsymbol{Z} \times \boldsymbol{Z} \times \cdots \times \boldsymbol{Z}$ は, F_n から, 有限個の語 $x_i x_j {x_i}^{-1} {x_j}^{-1}$ $(i, j = 1, 2, \ldots, n\,;\, i \neq j)$ を $\mathbf{1}$ とするという関係の導入によって得られることを示している．$[F_n, F_n]$ は，これらの語を含む F_n の最小の正規部分群であった．

このことを

$$\boldsymbol{Z}^n = \{x_1, x_2, \ldots, x_n \mid x_i x_j {x_i}^{-1} {x_j}^{-1} (i, j = 1, 2, \ldots, n\,;\, i \neq j)\}$$

と表わし，$\boldsymbol{Z}^n$ の有限表示という．あるいは，$\boldsymbol{Z}^n$ は有限的に表示されたという．カッコの中の左にかいてある $x_1, x_2, \ldots, x_n$ は生成元であり，右にかいてある $x_i x_j {x_i}^{-1} {x_j}^{-1}$ は，いわば‘つぶしてしまった’語である．

有限表示は，英語では finite presentation という．presentation の語感は，表示という日本語では十分映しきれていないように思う．

一般に，群 G が，有限集合 $\{x_1, x_2, \ldots, x_n\}$ の上の，階数 n の自由群 F において，有限個の語

$$w_1, \quad w_2, \quad \ldots, \quad w_k$$

を $\mathbf{1}$ とおくという関係によって群 G が得られるとき

$$G = \{x_1, x_2, \ldots, x_n \mid w_1, w_2, \ldots, w_k\}$$

と表わし，G は有限的に表示されたという．

このとき，$w_1, w_2, \ldots, w_k$ を含む F の最小の正規部分群を N とおくと

$$F/N \cong G \tag{4}$$

となる．

群 G は，有限的に表示される群という．簡単にいえば，生成元も有限であり，生成元の間に成り立つ関係も有限であるような群を，このようにいうのである．

(4) の証明は改めてここでは述べないが，読者は，交換子群を導いた上の証明から，(4) が成り立つことは，大体推察することができるだろう．

例

有限的に表示される群の例をいくつかあげておこう．

【例 1】　n 次の巡回群 $\boldsymbol{Z}_n$

$$\boldsymbol{Z}_n = \{x \mid x^n\}$$

【例 2】　正 2 面体群 D_n (第 15 講参照)

$$D_n = \{x, y \mid x^n, y^2, xyxy\}$$

【例 3】　クラインの 4 元群 (第 9 講参照)

$$K = \{x, y \mid x^2, y^2, xyx^{-1}y^{-1}\}$$

【例 4】　1 つの群でも，いろいろ異なった表示が可能である．たとえば

$$\boldsymbol{Z}_6 = \{x \mid x^6\} = \{x, y \mid x^3, y^2, xyx^{-1}y^{-1}\}$$

ここで，2 番目の表示は，$\boldsymbol{Z}_6$ を $\boldsymbol{Z}_3 \times \boldsymbol{Z}_2$ と表わしたことに対応している．

【例 5】 4 元数群 Q (第 15 講参照)

$$Q = \{x, y \mid x^4, xy^{-1}xy, x^2y^{-2}\}$$

対称群 S_n の有限表示

対称群 S_n は次のように有限表示されることが知られている．

$$\begin{aligned} S_n = \{x_1, x_2, \ldots, x_{n-1} \mid {x_i}^2 \ (1 \leqq i \leqq n-1), \\ x_i x_j {x_i}^{-1} {x_j}^{-1} \ (2 \leqq i+1 < j \leqq n-1), \\ x_i x_{i+1} x_i x_{i+1} x_i x_{i+1} \ (1 \leqq i \leqq n-2)\} \end{aligned}$$

実際，S_n を

$$F_{n-1}/N \cong S_n$$

と表わしたとき，F_{n-1} の生成元 $x_1, x_2, \ldots, x_{n-1}$ に対し，S_n の元 $(1\ 2), (2\ 3), \ldots, (n-1\ n)$ が対応する．

この証明は省略しよう．

Tea Time

交換子群について

講義では自由群の場合しか述べなかったが，一般の群 G に対しても，交換子群 $[G, G]$ を考えることができる．交換子群 $[G, G]$ とは，G の任意の 2 元 x, y の交換子 $[x, y] = xyx^{-1}y^{-1}$ をすべて含む，G の最小の部分群である．講義で述べたのと同じような考えで，$[G, G]$ は G の正規部分群であって，商群

$$G/[G, G]$$

は，可換群となることを示すことができる．交換子群 $[G, G]$ は，G の正規部分群 N で，G/N が可換群となるような最小のものとして特性づけることができる．特に G が可換群ならば，$[G, G] = \{e\}$ である．

$n \geqq 5$ のとき，対称群 S_n の交換子群 $[S_n, S_n]$ は交代群 A_n と一致する．そして

$$S_n/A_n \cong \boldsymbol{Z}_2$$

となる．

穴が p 個あいた曲面の基本群を Π_p とすると，Π_p は $2p$ 個の生成元をもつ，複雑な構造をもつ非可換群であったが，

$$\Pi_p / [\Pi_p, \Pi_p] \cong \boldsymbol{Z}^{2p}$$

となる．

第 26 講

位　相　群

テーマ
- ◆ 実数の加群と近さ——数直線のイメージ
- ◆ 演算が連続性をもつ群——行列のつくる群
- ◆ 位相群へ
- ◆ 距離をもつ位相群
- ◆ 位相群では，群の演算は基底空間の位相同型写像を引き起こす．

実数の加群と近さ

このところずっと続いてきた話で，読者は群というと，有限群か，有限生成的な群を思い浮かべるようになられたかもしれない．しかし，もう一度はじめに戻って視点をずっと高めて，数学全体を俯瞰するような気分になってみると，たとえば，座標平面上で，グラフを平行移動するというようなごくありふれたことにも，群の概念が働いていることに気がつく．ここで働く群は，本質的には実数のつくる加群 $\boldsymbol{R}$ である．

実数のつくる加群 $\boldsymbol{R}$ は，整数のつくる加群 $\boldsymbol{Z}$ と並んで，数学の中で最も基本的な群であると考えてよいものであるが，私たちが，実数 $\boldsymbol{R}$ を取り扱うときは $\boldsymbol{Z}$ のように，1つ1つの元がまったく独立にあって，それぞれが別々に存在しているとは考えていない．$\boldsymbol{R}$ 全体は，私たちの空間表象の中にしっかりと捉えられていて，$\boldsymbol{R}$ は数直線上の点として表現されている．実数を数直線上の点とみるときには，1つの孤立した点として注視するよりは，その近くにある点の集まりの中にうめ込まれている1点という見方を強めた方がよいようである．

そうすると，$\boldsymbol{R}$ の中で定義されている加法という演算も，単に2つの実数 a, b に対して，$a+b$ という実数を対応させるだけではなくて，a の近くにある点，b の近くにある点が，やはりこの加法によって，$a+b$ の近くに運ばれているだろうかということに関心が湧いてくる.

この関心に答えるのが，加法の連続性とよばれているものであって，解析の本を開くと

$$a_n \to a,\ b_n \to b\ (n \to \infty)\ \text{ならば}\quad a_n + b_n \longrightarrow a + b$$

という形でかかれている (たとえば，このシリーズの『解析入門30講』の第6講参照).

同様に，$a \in \boldsymbol{R}$ に対し，'逆元' $-a$ を対応させる連続性

$$a_n \to a\ (n \to \infty)\ \text{ならば},\ -a_n \to -a$$

にも注意を向けておいた方がよいかもしれない．もっともこのことは，a に $-a$ を対応させることは，数直線を原点に関して対称に移すことだから，明らかなことである.

演算が連続性をもつ群

平面上で，原点を中心とする角 θ の回転

$$T_\theta = \begin{pmatrix} \cos\theta & -\sin\theta \\ \sin\theta & \cos\theta \end{pmatrix} \quad (0 \leqq \theta < 2\pi)$$

全体も，回転の合成によって群をつくっているが，ここでも，私たちの直観と直接結びついているのは，群の演算そのものだけではなくて，群演算の連続性

$$T_{\theta_n} \to T_\theta,\ T_{\tau_n} \to T_\tau \Longrightarrow T_{\theta_n} \circ T_{\tau_n} \to T_\theta \circ T_\tau$$
$$T_{\theta_n} \to T_\theta \Longrightarrow T_{-\theta_n} \to T_{-\theta}$$

である.

一般に，実数を成分とする n 次の正則行列 (逆行列をもつ行列)

$$A = \begin{pmatrix} a_{11} & a_{12} & \cdots & a_{1n} \\ a_{21} & a_{22} & \cdots & a_{2n} \\ & \cdots\cdots & & \\ a_{n1} & a_{n2} & \cdots & a_{nn} \end{pmatrix} \quad (a_{ij} \in \boldsymbol{R})$$

の全体を，$GL(n;\boldsymbol{R})$ と表わすと，$GL(n;\boldsymbol{R})$ は，行列の積によって群をつくる.

単位元は単位行列で，逆元は逆行列で与えられている．$GL(n;\boldsymbol{R})$ は n 次の一般線形群とよばれている．

$GL(n;\boldsymbol{R})$ の部分群の中には，特殊線形群とよばれている

$$SL(n;\boldsymbol{R}) = \{A \mid A \in GL(n;\boldsymbol{R}),\ \det(A) = 1\}$$

$(\det(A) = 1$ は，A の行列式が 1 のことを示している) や，直交群とよばれる

$$O(n;\boldsymbol{R}) = \{O \mid O \in GL(n;\boldsymbol{R}),\ O \text{ は直交行列 }\}$$

が含まれている．直交行列とは，ベクトルの長さを変えないような線形変換に対応する行列のことである．2 次の直交群 $O(2;\boldsymbol{R})$ は，回転 T_θ $(0 \leqq \theta < 2\pi)$ と，x 軸に関する折り返しを示す行列

$$\begin{pmatrix} -1 & 0 \\ 0 & 1 \end{pmatrix}$$

から生成されている．

記法について一言述べておくと，GL とかいたのは，general linear の頭文字である．また SL は special linear の頭文字である．行列式が 1 であるということを特定するときに，special という形容詞を使うようである．直交群に O を用いたのは，直交しているという形容詞 orthogonal の頭文字に由来している．

これらの群は，現代数学の各分野に登場している最も重要な群であるが，ここでも群演算の連続性：

行列 A と A' の各成分が十分近く，B と B' の各成分が十分近ければ，AB と $A'B'$ の成分はまた十分近い．また A^{-1} と A'^{-1} の成分も十分近い，

を考慮することが重要なことになっている．

この連続性の性質を前のように述べたいときには，2 つの行列 A, B

$$A = \begin{pmatrix} a_{11} & \cdots & a_{1n} \\ & \cdots & \\ a_{n1} & \cdots & a_{nn} \end{pmatrix}, \quad B = \begin{pmatrix} b_{11} & \cdots & b_{1n} \\ & \cdots & \\ b_{n1} & \cdots & b_{nn} \end{pmatrix}$$

に対して，距離を

$$\rho(A, B) = \operatorname*{Max}_{\substack{1 \leqq i \leqq n \\ 1 \leqq j \leqq n}} |a_{ij} - b_{ij}|$$

で与えておくとよい．このとき，$GL(n;\boldsymbol{R})$ の中での群演算の連続性は

$\rho(A_n, A) \to 0,\ \rho(B_n, B) \to 0$ ならば

$$\rho(A_n B_n, AB) \longrightarrow 0$$
$$\rho({A_n}^{-1}, A^{-1}) \longrightarrow 0$$

といい表わすことができる．

位相群へ

このような，数学の広い分野の中における群の背景を考えてみると，群の演算が連続性をもつようなものは，重要な数学の研究対象となってくるに違いないと予想されてくる．

しかし，群の最初の出発点が抽象的な集合とその上での演算規則というところにあったから，ここにすぐに連続性の考えをもち込むわけにはいかないのである．現代数学の枠組が明らかにしたことによると，近づくとか，連続性といったようなことを論ずるためには，集合から，位相空間へと，舞台を移していかなくてはならない．

したがってここでも，その方向にしたがって進むならば，上に述べたような研究対象を設定するためには，'位相空間上の各点に対して群演算が定義されているようなもの' からはじめなくてはならない．

そこで私たちが望んでいる設定は次のようになる．以下で述べるのは位相群の定義である．

位相空間 X の点の間に，演算規則

$$(x, y) \longrightarrow xy \tag{1}$$

が与えられ，これが群の公理をみたすとする．すなわち結合則 $(xy)z = x(yz)$；単位元 e を与える点が存在して $xe = ex = x$；x の逆元 x^{-1} を与える点が存在して $xx^{-1} = x^{-1}x = e$.

次にこれらの演算の連続性を要請しなければならないが，そのためにまず (1) を，積空間 $X \times X$ から X への写像と考える．そして写像

$$\begin{array}{ccc} X \times X & \longrightarrow & X \\ \Psi & & \Psi \\ (x, y) & \longrightarrow & xy \end{array}$$

が連続であるという条件をつける．

次に逆元をとる演算を X から X への写像と考えて，写像

$$\begin{array}{ccc} X & \longrightarrow & X \\ \Psi & & \Psi \\ x & \longrightarrow & x^{-1} \end{array}$$

も連続であるという条件もつける．

この連続性の条件をみたす，位相空間 X 上で定義された群 G を，位相群というのである．X を G の基底空間という．

距離をもつ位相群

しかし，位相空間は，開集合や閉集合などという概念で規定されるような，非常に抽象的なものであって，数学の一般概念がしばしばそうであるように，ふつうの人がなかなか近づけないようになっている．私たちは，何も極端な抽象化を目指しているわけではないのだから，以下で，位相群というときには，基底空間を与える位相空間 X には，距離 $\rho(x,y)$ が導入されているものとしておく．

距離 ρ とは，X の 2 点 x, y に対して，実数値 $\rho(x,y)$ を対応させる対応であって，条件

(i) $\rho(x,y) \geqq 0$；等号が成り立つのは，$x = y$ のときに限る．

(ii) $\rho(x,y) = \rho(y,x)$

(iii) $\rho(x,z) \leqq \rho(x,y) + \rho(y,z)$

をみたすものである．

このとき，X の点列 $\{x_n\}$ $(n = 1, 2, \ldots)$ が x に収束する (近づく) ということは，

$$\rho(x_n, x) \longrightarrow 0 \quad (n \to \infty)$$

が成り立つことであると定義される．なお，このとき $x_n \to x$ $(n \to \infty)$ とかく．

距離を用いると，群演算の連続性は

$$x_n \to x,\ y_n \to y\ (n \to \infty) \Longrightarrow x_n y_n \to xy \tag{2}$$

$$x_n \to x\ (n \to \infty) \Longrightarrow {x_n}^{-1} \to x^{-1} \tag{3}$$

といい表わされる．

実際は，位相群の一般的な定義では，基底空間に距離を仮定しない．それにはそれなりの理由があるのである．その理由とは，G を位相群とし，G 自身は距離をもつとしても，商群 G/H を位相群として考えようとするとき，よい性質をもつ適当な距離がどうしても入らないようなことがあるからである．しかし，ここでは，そこまで立ち入った議論はしないので，位相群の定義の中に，基底空間 X

は距離をもつことを仮定することにした．

群の演算と位相同型写像

位相群 G が与えられたとしよう．G の元 a を1つ任意にとる．G の元に a を左からかける演算は，G から G の上への対応を与えるが，この対応を φ_a で表わそう．

$$\varphi_a : x \longmapsto ax$$

φ_a は，G から G の上への1対1写像となっている．実際，φ_a の逆写像は $\varphi_{a^{-1}}$ で与えられている．

φ_a は，もちろん，G の基底空間 X から X の上への1対1写像であるが，(2) によって

$$x_n \to x \ (n \to \infty) \Longrightarrow \varphi_a(x_n) \to \varphi_a(x)$$

である．したがって φ_a は，位相空間 X から X への連続写像である．また φ_a の逆写像 $\varphi_{a^{-1}}$ も，同じ理由で連続写像である．このことは，φ_a が X から X への位相同型写像となることを示している．

同様にして，右からの乗法

$$x \longrightarrow xa$$

も，また (3) によって，逆元を対応させる対応

$$x \longrightarrow x^{-1}$$

も X から X への位相同型写像となっていることがわかる．

このことを次のようにいい表わしておこう．

左からの乗法，右からの乗法，逆元をとる演算は，すべて基底空間の位相同型写像を与えている．

Tea Time

質問 実数 $\boldsymbol{R}$ を，まったく抽象的な加群と考えてみようと思って，まず，$\boldsymbol{R}$ の部分群としてどんなものがあるかを考えてみました．任意の正の実数 α をとると，α の整数倍として表わされる実数の集合 A：

$$A = \{\ldots, -n\alpha, \ldots, 0, \alpha, 2\alpha, \ldots, n\alpha, \ldots\}$$

が部分群となることはすぐ気がつきました．それから有理数全体の集合 $\boldsymbol{Q}$ も，$\boldsymbol{R}$ の部分群となることもすぐにわかりました．次にこれらの商群を考えてみようと思いました．$\boldsymbol{R}/A$ は，一周すると α となる円柱に，数直線をぐるぐる重ねて巻きつけるようなことを想像すればよい，これは第 17 講の Tea Time で述べられているように考えれば，明らかなことでした．しかし，$\boldsymbol{R}/\boldsymbol{Q}$ の方には全然イメージが湧きません．正の有理数には，いくらでも小さいものがあって，最小のものがありませんから，円柱に巻きつけるようなイメージを考えるわけにはいきません．$\boldsymbol{R}/\boldsymbol{Q}$ はどんなものと思ったらよいのでしょうか．

答 実数 $\boldsymbol{R}$ も，有理数 $\boldsymbol{Q}$ もよく知っている数なのに，商群 $\boldsymbol{R}/\boldsymbol{Q}$ は，私にも何のイメージも湧かない，まったく扱いに困る厄介な対象である．数直線 $\boldsymbol{R}$ のイメージから，$\boldsymbol{R}/\boldsymbol{Q}$ のイメージを何か捉えようと思っても，数直線の中に，隙間がないとみえるほど稠密に詰まっている有理数の全体をひとまとめにして，1つの剰余類として考えることがまず難しい．しかし実際は，$\sqrt{2}$ を含む剰余類——$\sqrt{2}+\frac{n}{m}$ と表わされるような数の全体——もひとまとめにして考えていかなくてはならない．このような考えを進めていくと，数直線のイメージは，完全に寸断され，私たちに考える手がかりを与えるようなものはすべて消えてしまう．集合論を学んだ人ならば加群 $\boldsymbol{R}/\boldsymbol{Q}$ は，実数と同じ濃度——連続体の濃度——をもつことは，すぐにわかるだろうが，この加群を，実数を数直線に並べたように，何か眼に見えるような形に並べることはできない．$\boldsymbol{R}/\boldsymbol{Q}$ は，空間的な表象を一切欠いた連続体の濃度をもつ加群であって，このようなものが商群の概念から自然に生み落とされたところに，数学の概念構成の中にひそむ魔力のようなものがあるといってよいだろう．

第 27 講

位相群の様相

テーマ
- ◆ 代数的なもの——群——と，位相的なもの——位相空間——
- ◆ 閉部分群
- ◆ 連結成分：単位元を含む連結成分は正規部分群となる．
- ◆ 近傍系：単位元の近傍系と各点の近傍系
- ◆ シュライエルの第 1，第 2 定理
- ◆ (Tea Time) 位相群に対する準同型定理

代数的なものと位相的なもの

位相群 G を考えることにしよう．前講では，位相群 G と，G が定義されている基底空間を区別して，基底空間を X と表わしたが，状況が理解されれば，記号はなるべく少ない方がよい．これからは，基底空間も群と同じ記号で表わすことにする．したがって位相群 G というときには，記号 G の中には，一方には群の概念が含まれ，他方には位相空間の概念が含まれていることになる．この 2 つの概念が群演算 (代数的！) の連続性 (位相的！) によって結びつくのである．

この代数的なもの——群——と，位相的なもの——位相空間——とが，位相群論の中でどのような形で結びつくのかは，誰にも興味のあることである．ここではその様相のいくつかを述べてみよう．

閉 部 分 群

次の結果が成り立つ．

> G を位相群とし，S を G の部分群とする．このとき S の閉包 $\bar{S}$ もまた G の部分群となる．

S の閉包 $\bar{S}$ とは，位相空間における概念であって，$\bar{S}$ の点は，S の点と，S の点列に

よって近づける点からなる.

【証明】 S の点 a は，特に $\{a, a, \ldots, a, \ldots\}$ という S の点列で近づけると考えることにすれば，$\bar{S}$ は，S の点列によって近づける点からなるといってよい．さて，$x, y \in \bar{S}$ とする．このとき $x_n \in S$ $(n = 1, 2, \ldots)$ で $x_n \to x$ $(n \to \infty)$ となる点列 $\{x_n\}$ と，$y_n \in S$ $(n = 1, 2, \ldots)$ で，$y_n \to y$ となる点列 $\{y_n\}$ が存在する．S は群だから $x_n y_n \in S$ であって，群演算の連続性 (前講の (2)) によって，$x_n y_n \to xy$ である．このことは $xy \in \bar{S}$ を示している．

同様にして逆元をとる対応の連続性 (前講の (3)) から $x \in \bar{S}$ ならば $x^{-1} \in \bar{S}$ も成り立つ．したがって $\bar{S}$ は G の部分群となる． ∎

任意の部分群 S に対して，S を含む部分群 $\bar{S}$ が存在することがわかったのだから，群の立場では，すぐに左剰余類の集合 $\bar{S}/S$ を考えてみたくなる．しかし，前講の Tea Time で述べた場合で考えてみると，$G = \boldsymbol{R}$, $S = \boldsymbol{Q}$ にとってみると，$\bar{\boldsymbol{Q}} = \boldsymbol{R}$ となっている．したがってこの場合，$\bar{S}/S = \boldsymbol{R}/\boldsymbol{Q}$ となるが，この対象がどれほど扱いにくいものであるかということは，Tea Time で述べた通りである．一般には，位相群の中で，商群を考えることは難しい．

位相群の部分群の中で，比較的‘性質の穏やかな’部分群は，閉部分群である．閉部分群とは，閉集合であって，かつ部分群となっているものである．上の命題の記号を用いれば $\bar{S} = S$ が成り立つ部分群である．閉部分群 S が，さらに正規部分群となっているときには，商群 G/S は，位相群と考えても，割合自然に振舞う群となる．

連 結 成 分

次の定理は，位相群論の様相を示す，1 つの定理といってよいだろう．

【定理】 位相群 G の単位元 e を含む連結成分を G_0 とする．このとき G_0 は G の正規部分群となる．

連結成分のことを思い出しておこう (『位相への 30 講』の第 18 講参照)．位相空間 X の部分集合 S が，共通点をもたない (S の) 閉集合 $F_0(\neq \phi)$，$F_1(\neq \phi)$ によって，$S = F_0 \cup F_1$ と表わされないとき，S を連結という．位相空間 X の任意の点 x をとったとき，x を含む最大の連結な部分集合 $C(x)$ が存在する．すなわち，x を含む任意の連結な部分集合 S をとると，必ず $S \subset C(x)$ となっているのである．$C(x)$ を，x の (または x を含む) 連結成分という．$C(x)$ は必ず閉集合となっている．

【証明】　前講の最後で注意したように，G の元 x に，その逆元 x^{-1} を対応させる対応は，G から G への位相同型写像を与えている．位相同型写像によって，連結集合は連結集合へと移るから，G_0 のこの写像による像 ${G_0}^{-1}$ は，やはり連結集合である．${G_0}^{-1}$ とかいたのは，もちろん集合

$${G_0}^{-1} = \{x^{-1} \mid x \in G_0\}$$

のことである．$e \in G_0$ によって，$e \in {G_0}^{-1}$．したがって，${G_0}^{-1}$ は，e を含む連結集合となっている．

連結成分 G_0 は，e を含む最大の連結集合だったから，これから

$${G_0}^{-1} \subset G_0$$

が得られる．この両辺に，もう一度写像 $x \to x^{-1}$ を適用すると，

$$G_0 \subset {G_0}^{-1}$$

が得られる．したがって

$$G_0 = {G_0}^{-1} \tag{1}$$

である．

G_0 の任意の元 a をとる．対応 $x \to ax$ は，G の位相同型写像を与えているから，$aG_0 = \{ax \mid x \in G_0\}$ も連結集合である．(1) によって

$$aG_0 = a{G_0}^{-1}$$

したがって $aG_0 \ni aa^{-1} = e$ のことがわかる．再び G_0 の，e を含む連結集合としての最大性から

$$aG_0 \subset G_0$$

が得られた．このことは，任意の $a, b \in G_0$ に対して $ab \in G_0$ を示している．

これで (1) と合わせて，G_0 が G の部分群となることがわかった．

次に，任意の元 $g \in G$ を 1 つとって，位相同型写像

$$x \longrightarrow gxg^{-1}$$

を考える．この写像は，単位元 e を単位元 e へと移しているから，この写像による G_0 の像 gG_0g^{-1} は，e を含む連結集合である．したがって，前と同じ推論によって

$$gG_0g^{-1} \subset G_0$$

が得られた．したがって，G_0 は G の正規部分群である．これで定理が証明された．∎

連結成分は，つねに閉集合だから，G_0 は，G の閉部分群である．商群 G/G_0 は，位相空間としては，各点の連結成分が 1 点からなる空間——完全非連結な空間——となっている．

近　傍　系

私たちは，前講で，位相群 G には，距離 ρ が入っていると仮定しておいた．このとき

$$U_n = \left\{ x \mid \rho(x,e) < \frac{1}{n} \right\} \quad (n = 1, 2, \ldots)$$

とおくと，U_n は開集合であって，単位元 e の近傍系の基をつくっている．すなわち，e の任意の近傍 U をとると必ず十分大きい n に対して，$U_n \subset U$ となる．$\{U_n;\ n = 1, 2, \ldots\}$ は，いわば，e にどこまでも近づいていく近傍の列である．そこで

$$V_n = U_n \cap {U_n}^{-1} \tag{2}$$

とおく．写像 $x \to x^{-1}$ は位相同型写像だから，${U_n}^{-1}$ も e を含む開集合となっている．$V_n \subset U_n$ で

$$V_1 \supset V_2 \supset \cdots \supset V_n \supset \cdots \longrightarrow \{e\} \tag{3}$$

となっている．$\{V_n;\ n = 1, 2, \ldots\}$ もまた e の近傍系の基である．(2) から

$$\boxed{V_n = {V_n}^{-1}} \tag{4}$$

が成り立つことを注意しておこう．

いま，G の任意の元 a に対し，位相同型写像

$$x \longrightarrow ax$$

によって，(3) の状況を，単位元 e のまわりから，a のまわりへと移してみよう．そうすると

$$aV_1 \supset aV_2 \supset \cdots \supset aV_n \supset \cdots \longrightarrow \{a\}$$

となって，$\{aV_n;\ n = 1, 2, \ldots\}$ は，a の近傍系をつくることがわかる．

> 任意の部分集合 S に対して
>
> $$\bar{S} \subset SV_n \quad (n = 1, 2, \ldots)$$
>
> が成り立つ．

【証明】 $x \in \bar{S}$ をとる．このとき S の点列 $\{x_i\}$ $(i = 1, 2, \ldots)$ が存在して $x_i \to x$ $(i \to \infty)$ となる．したがって，与えられた n に対して，i を十分大きくとると x_i は x の近傍 xV_n に含まれる：

$$x_i \in xV_n$$

この関係は，$x \in x_i {V_n}^{-1}$ とかいても同じことである．(4) からさらに，$x \in x_i V_n$ と表わしてもよいことがわかる．したがって $x \in SV_n$．x は $\bar{S}$ の任意の点でよかったのだから，$\bar{S} \subset SV_n$ がいえた．■

シュライエルの定理

次に述べる 2 つの定理は，シュライエルの第 1，第 2 定理として引用されることもある．この定理は，位相群の理論が誕生してまもない頃 (1920 年代半ば)，シュライエルによって見出されたものであったが，群と位相とのいきいきとした働き合いを示すものとして，発表当初から注目されたものであった．

【定理】 G を連結な位相群とする．そのとき G は，単位元の任意の近傍から生成される．

定理で述べていることは，単位元の任意の近傍 (簡単のため開近傍とする) U をとったとき，開集合の増加系列

$$U \subset U^2 \subset \cdots \subset U^k \subset \cdots$$

を考えると $G = \bigcup_{k=1}^{\infty} U^k$ となるということである (図 41；ここでたとえば U^2 が

開集合となることは, $U^2 = \bigcup xU (x \in U)$ のように, U^2 が開集合の和集合として表わされていることからわかる).

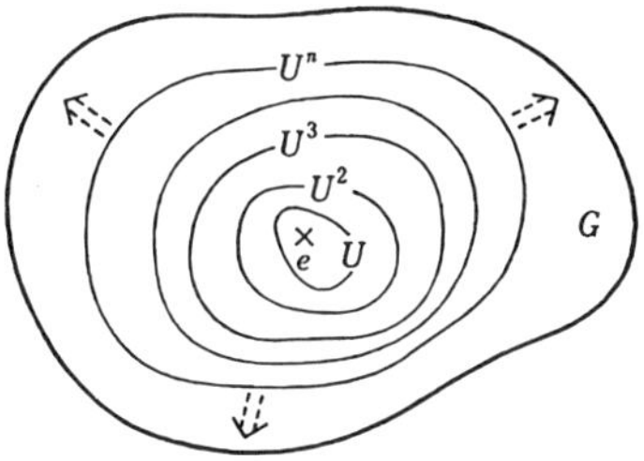

図 41

【証明】 n を十分大きくとれば, (3) の系列に含まれるある V_n に対して

$$U \supset V_n$$

となる. したがって, G が V_n から生成されることを示しさえすれば十分である. n は 1 つ固定しておき

$$H = \bigcup_{k=1}^{\infty} {V_n}^k$$

とおく. 上にも注意したように, 各 ${V_n}^k (k = 1, 2, \ldots)$ は開集合である.

一方, 前講の結果から

$$\bar{H} \subset HV_n = \left(\bigcup_{k=1}^{\infty} {V_n}^k \right) V_n = \bigcup_{k=1}^{\infty} {V_n}^{k+1} = H$$

したがって, $\bar{H} = H$ となり, H は閉集合でもある.

G は連結だから, 空でない開かつ閉な集合は, G 全体と一致しなくてはならない. したがって $G = H$ となり, G が V_n から, したがってまた U から生成されることがわかった. ∎

【定理】 G を連結な位相群とし, N を, 次の性質をもつ G の正規部分群とする.

(♯) 任意の $a \in N$ に対して, a の適当な近傍 W をとると, $N \cap W = \{a\}$. このとき, N は G の中心 Z に含まれる.

(♯) の条件は, N に属する点が, G の中に‘まばら’に入っていることを述べている (図 42).

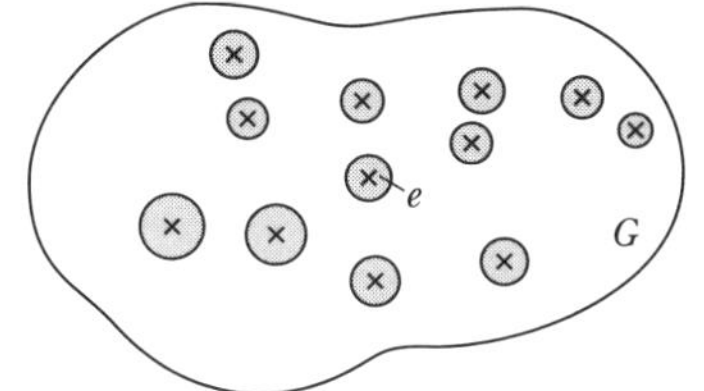

× は N の点
灰色の部分は近傍を表わす

図 42

【証明】 N に属している点 a を, 任意に 1 つとって固定して考える. またこの a に対して, (♯) を成り立たせる a の近傍 W を 1 つとっておく. G から G への対応

$$g \longrightarrow gag^{-1}$$

は連続であって，単位元 e を，a に移している．したがって，単位元の近傍 U を十分小さくとると

$$UaU^{-1} \subset W \tag{5}$$

が成り立つ (ε-δ 論法！)．

U の点 u を任意にとると，N は仮定から正規部分群だから

$$uau^{-1} \in N \tag{6}$$

である．

(5) と (6) から，条件 ($\sharp$) を参照すると

$$uau^{-1} = a$$

が得られる．すなわち，U の任意の元 u と a は可換である：$ua = au$．前の定理によって，G の任意の元 g は，有限個の U の元 u_i $(i = 1, 2, \ldots, k)$ を適当にとることによって

$$g = u_1 u_2 \cdots u_k$$

と表わされる．したがって

$$\begin{aligned} ga &= u_1 u_2 \cdots u_k a = u_1 u_2 \cdots u_{k-1} a u_k \\ &= \cdots = a u_1 u_2 \cdots u_k = ag \end{aligned}$$

このことは，N の元 a は，G の任意の元 g と可換なこと，すなわち，$N \subset Z$ を示している．これで証明された． ∎

Tea Time

質問　2 つの位相群 G と G' に対して，G から G' への写像 φ が，同型対応であるということを定義するには，φ がまず群として同型対応を与えていて，同時に，基底となっている位相空間に対して，G から G' への位相同型対応となっているとするのが自然だということは，僕にも推察することができます．しかし，G から G' への準同型写像 ψ はどう定義したらよいのでしょうか．ψ が群として準同

型対応を与えて，さらに連続写像となっていると定義することが，僕には最も自然なことに思えるのですが.

答　まず君の考えた，位相群に対する同型対応の定義は，私たちが使っているものと一致している．その意味で正しい定義を与えている．準同型対応の君の定義も，自然なものであって，それでよいのだけれど，この定義では，位相群のレベルで，準同型定理

$$G/N \cong G' \quad (N \text{ は } \psi \text{ の核}) \tag{$*$}$$

が一般には成り立たなくなってしまうことは注意しておく必要がある．成り立たない，というとびっくりするかもしれないが，もちろん，群として G/N と G' は同型なのである．問題は位相の方にある．

私たちは，講義の中で述べてこなかったが，商群 G/N を位相群としてとり扱うためには，G/N に 1 つ位相を入れておくことが必要となる．この位相は，G から G/N の上への自然な準同型対応 $\pi: x \to xN$ が，連続写像となる最強の位相を入れるのである．具体的には，G/N の集合 $\tilde{O}$ が開集合であるのは，$\pi^{-1}(\tilde{O})$ が開集合のときであると決めるのである．

そうすると，π は，G から G/N への連続写像というだけではなくて，開集合を開集合に移す——開写像——という性質をもってくる．したがって $(*)$ の同型が，基底となっている位相空間としての同型を示すことも要請する以上，G' も同じ性質，すなわち，準同型対応 $\psi: G \to G'$ は，開集合を開集合に移すという性質をもつことが，望まれてくるのである．

そのため，位相群では，準同型定理を述べるときには，G から G' の上への連続な準同型対応で，かつ開写像となるものが与えられたとき，準同型定理 $(*)$ が成り立つと述べるのである．

第 28 講

不 変 測 度

テーマ

- ◆ 数直線上の長さと加群 $\boldsymbol{R}$——長さの不変性
- ◆ 正の実数のつくる乗法群 $\boldsymbol{R}^+$ の不変測度
- ◆ $\boldsymbol{R}^+$ 上の不変測度と積分
- ◆ 有限群上の不変測度——平均値
- ◆ 任意の抽象群上では，一般には‘不変測度’は存在しない.
- ◆ 位相群上の不変測度について
- ◆ (Tea Time) amenable 群

数直線上の長さと加群 $\boldsymbol{R}$

数直線上で線分の長さを測ることは，あまり当り前のことすぎて，ここに実数の加群としての構造が働いていることは，つい見すごされてしまう.

数直線上の閉区間 $I=[\alpha,\beta]$ を線分と思うと，この線分の長さは，$\beta-\alpha$ である．あとで用いる記号と合わせるために，ここでは少し大げさだが

$$m(I)=\beta-\alpha$$

とかくことにしよう．このとき，この線分を数直線上で平行移動しても，この線分の長さは変わらない．すなわち，I を a だけ平行移動すると，得られた線分は $a+I=[a+\alpha,\ a+\beta]$ となるが，明らかに

$$m(a+I)=m(I) \qquad (1)$$

すなわち，線分の長さは，加法に対して不変であるという性質をもっている.

この性質から，連続関数の積分に関する次のような性質が導かれることを注意しておこう．いま $y=f(x)$ を数直線上で定義された連続関数とし，$|x|$ が十分大きいところでは恒等的に 0 になっているとする．このとき

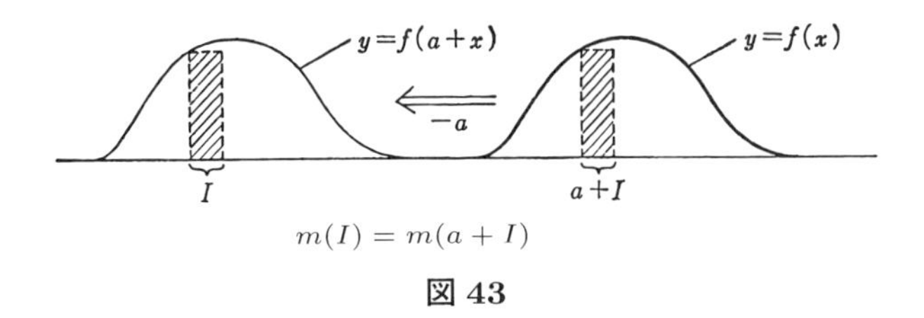

$m(I) = m(a + I)$

図 43

$$\int_{-\infty}^{\infty} f(x)\ dx = \int_{-\infty}^{\infty} f(a+x)\ dx \tag{2}$$

が成り立っている．

これは，図 43 を見ながら説明した方がよい．$y = f(a+x)$ のグラフは，$y = f(x)$ のグラフを，x 軸の方向に $-a$ だけ平行移動して得られる．いまグラフでは，$f(x) \geqq 0$ のときを描いているから，(2) の両辺はそれぞれ，$y = f(x)$ と，$y = f(a+x)$ のグラフが x 軸と囲む図形の面積を表わしている．グラフ自身が，平行移動されているだけだから，もちろん面積は変わらない．これが (2) の内容である．

積分の定義に戻って (2) を確かめようとすると，(1) との関係がはっきりする．それぞれの定積分は，図 43 で，斜線部分の長方形の面積の和をとり，その極限として得られている．このとき，平行移動で対応する長方形の底辺の長さが (1) によって等しいという事実が，本質的には (2) を成り立たせている理由となっている．

正の実数のつくる乗法群

このように，わかりきったことを，詳しくかいたのは，加法のつくる群から，乗法のつくる群へと観点を移したとき，長さの感じがすっかり変わってくるので，混乱しないためである．

正の実数全体のつくる集合を $\boldsymbol{R}^+$ と表わす．$\boldsymbol{R}^+$ は実数の乗法について群をつくっている．単位元は 1 であり，a の逆元は $\dfrac{1}{a}$ である．

そこで問題は，数直線の正の部分にある区間 I に対して，どのような‘長さ’$\tilde{m}(I)$ を導入したら，$\boldsymbol{R}^+$ の乗法に対して，(1) に対応する式

$$\tilde{m}(aI) = \tilde{m}(I) \tag{3}$$

が成り立つだろうか，ということである．ここでもちろん $aI = [a\alpha, a\beta]$ である．

もし，このような‘長さ’$\tilde{m}$ があれば，この長さで区間の長さを測った積分を $\int \cdot d\tilde{x}$ と表わせば，(2) に対応して

$$\int_0^\infty f(x)d\tilde{x} = \int_0^\infty f(ax)d\tilde{x} \tag{4}$$

も成り立つに違いない．ここで $f(x)$ は，数直線の正の部分 $\boldsymbol{R}^+$ 上で定義された連続関数で，ある正数 m, M に対して，区間 $[m, M]$ の外では，恒等的に 0 となっているようなものである．

答をいってしまうと，(3) を成り立たせるような，新しい‘長さ’$\tilde{m}$ は，区間 $I = [\alpha, \beta]$ $(0 < \alpha < \beta)$ に対して

$$\boxed{\tilde{m}(I) = \int_\alpha^\beta \frac{1}{x}dx = \log\beta - \log\alpha \qquad (5)}$$

とおくことによって得られる．

実際

$$\begin{aligned}\tilde{m}(aI) &= \int_{a\alpha}^{a\beta} \frac{1}{x}dx \\ &= \int_\alpha^\beta \frac{1}{at}a\,dt \qquad \left(t = \frac{1}{a}x \text{ とおいた}\right) \\ &= \int_\alpha^\beta \frac{1}{t}dt = \tilde{m}(I)\end{aligned}$$

である．

この乗法で不変な‘長さ’で区間を測ると

$$\tilde{m}[1,2] \fallingdotseq 0.69315, \quad \tilde{m}[5,6] \fallingdotseq 0.18232,$$
$$\tilde{m}[10,11] \fallingdotseq 0.09531$$

となるから，私たちのよく知っている線分の長さとは，全然違うものとなっている．

(4) の積分の定義は，まだ述べていなかったが，たとえば左辺に対しては

$$\int_0^\infty f(x)d\tilde{x} = \lim \sum f(\xi_i)\,\tilde{m}([\alpha_{i-1}, \alpha_i])$$

で与えられている．このとき，(3) から (4) が導けることは，$a = 2$ の場合，

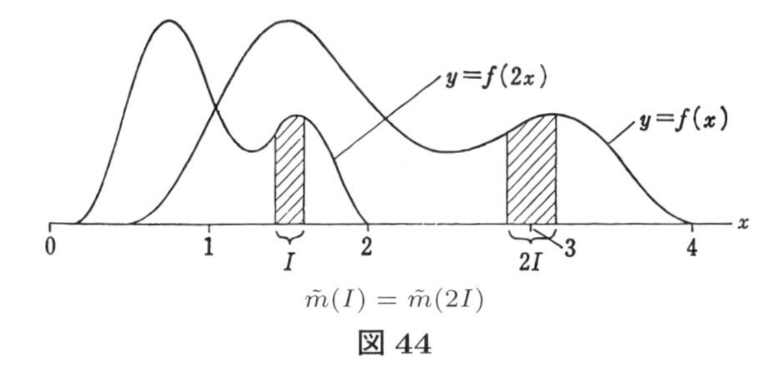

$\tilde{m}(I) = \tilde{m}(2I)$

図 44

図 44 を参照してみるとわかる．$y = f(x)$ のグラフに対し，$y = f(2x)$ のグラフは，$x = a$ での f の値を，$x = \dfrac{a}{2}$ に移したもの，したがって全体として，グラフの形は横の方に $\dfrac{1}{2}$ だけ縮小したものとなっている．(4) の両辺の積分を近似する長方形の面積は，底辺の長さを $\tilde{m}$ で測っておくと，図 44 で斜線をつけた面積が等しくなっているのである (読者は，図 43 と図 44 を，見比べられるとよいかもしれない).

(4) の積分に現われた $d\tilde{x}$ は，(5) の積分記号の中を見ると，記号的に

$$d\tilde{x} = \frac{1}{x}dx$$

と表わしておいても誤解のないことがわかる．

$\tilde{m}$ を，乗法群 $\boldsymbol{R}^+$ の不変測度という．このいい方では，ふつうの線分の長さ m は，加法群 $\boldsymbol{R}$ の不変測度ということになる．

測度という言葉を最初に聞かれた読者は，この言葉に少し戸惑われるかもしれない．測度は英語の measure の訳である．メジャーならば，洋服の寸法を測るときのあのメジャーかと納得されるだろう．

有限群上の不変測度

G を有限群とする．G の部分集合 $S\ (\neq \phi)$ に対して

$$m(S) = \frac{1}{|G|} \times (S \text{ の元の個数}) \tag{6}$$

とおく．このとき，$m(S)$ は次の性質をもつ．

(i) $S_1 \cap S_2 = \phi$ ならば

$$m\left(S_1 \cup S_2\right) = m\left(S_1\right) + m\left(S_2\right)$$

(ii)　$m(gS) = m(S)$

(iii)　$m(G) = 1$

すべて(6)から明らかであろう．たとえば(ii)は，対応 $x \to gx$ が，G から G の上への1対1対応であることに注意するとよい．1対1対応で移してみても，有限集合の元の個数は変わらない．実際は $m(Sg) = m(S)$ も成り立っている．

(6)の定義式で，$|G|$ で割ってあるのは，(iii)を成り立たせたかったからである((iii)は正規化の条件ということもある)．

m は，有限群 G 上の不変測度を与えていると考えられる．

有限群 G の位数を n とし

$$G = \{a_1, a_2, \ldots, a_n\}$$

とおくと，G 上の実数値関数とは，各 a_i $(i = 1, 2, \ldots, n)$ に実数を対応させる対応である．このとき，G の各点 a_i に対して

$$m(a_i) = \frac{1}{n}$$

が成り立つことに注意すると，関数 f の G 上の積分と考えられるものは

$$\begin{aligned} & f(a_1)\frac{1}{n} + f(a_2)\frac{1}{n} + \cdots + f(a_n)\frac{1}{n} \\ & = \frac{1}{n}\sum_{i=1}^{n} f(a_i) \end{aligned}$$

となることがわかる．すなわち，f の平均値である．積分の不変性を示す，(2)または(4)に対応する式は，いまの場合

$$\frac{1}{n}\sum_{i=1}^{n} f(a_i) = \frac{1}{n}\sum_{i=1}^{n} f(aa_i)$$

となる．aa_i $(i = 1, 2, \ldots, n)$ も結局 G の元全体をわたっているのだから，この式が成り立つことは明らかである．

一般の群に対して

それでは，任意に群 G をとったとき，G の各部分集合 S に，'測度' $m(S)$ $(\geqq 0)$ を対応させて，有限群のときと同様の条件

(i) $S_1 \cap S_2 = \phi \Longrightarrow m(S_1 \cup S_2) = m(S_1) + m(S_2)$

(ii) $m(gS) = m(S)$

(iii) $m(G) = 1$

をみたすようにできるだろうか．

しかし，このような不変測度は，一般には存在しないことが知られている．たとえば，自由群 F_2 には，このような測度は存在しない (Tea Time)．有限生成的なアーベル群には，このような測度が存在することが知られているが，一般の無限群の中では，それはやはり特殊な状況であると考えてよいようである．

位相群に対して

最初に述べた $\boldsymbol{R}$ とか $\boldsymbol{R}^+$ は位相群であった．そのときには，不変測度は存在したが，この測度では，区間の長さはいつも測れて，連続関数を積分するにはそれで十分だったのだが，長さが測れないような集合は $\boldsymbol{R}$ にも，$\boldsymbol{R}^+$ にも存在している．

ジョルダン測度 (リーマン積分に対応する) で考えていれば，区間 [0, 1] に含まれる有理数全体の集合には，長さを考えることができない．ルベーグ測度 (ルベーグ積分に対応する) で考えてみても，非可測集合が存在することが知られている．

したがって，$\boldsymbol{R}$ や $\boldsymbol{R}^+$ に存在したような，群の演算に対して不変に保たれ，連続関数 $f(x)$ $(\geqq 0)$ がいつでも積分できるような測度を，一般の位相群に対しても定義して，一般化して考えようとすると，まず部分集合の大きさを測るということが，どのようなことかを明らかにしなくてはいけなくなる．それを明確にした上で，次に，群の演算で不変であるような測度が存在するか，さらにこの不変測度は群の位相とか，関数の連続性に対して自然に適合しているか，ということが問題となるだろう．この問題は，群と，位相と，測度とが互いに複雑に関係し合う，難しい問題であったが，1930 年代の終り頃までには，完全に解決をみたのである．

ここでは，測度論と位相空間のことを知っている読者のために，結果だけを述べておこう．任意の局所コンパクトな位相群 G には，G の左からの働きに対して不変であるような，完全加法的な測度 m が存在する．この測度 m に関しては，G

の任意の開集合 U，任意の閉集合 F に対して，その大きさ (測度！) $m(U)$，$m(F)$ を測ることができる．G による不変性は，この場合

$$m(gU) = m(U), \quad m(gF) = m(F)$$

と表わされる．G のコンパクト集合 C に対しては，つねに $m(C) < +\infty$ である．また空でない開集合 U に対しては，$m(U) > 0$ である．

この不変測度を G 上のハール測度という．ハール (1885–1933) は数学者の名前である．ハール測度は，正の定数倍を除いて，G に対して一意的に決まる．

G がコンパクトな位相群のとき，次講でもう少し，この不変測度のことを述べることにしよう．

Tea Time

amenable 群について

まず amenable というのは，あまり見なれない単語である．辞書を引くと，'快くしたがう，従順な，すなおな' とある．ほかにも意味があるようであるが，ここで用いているのは，このような意味だろうと推測される．amenable 群とは，講義の中で '一般の群に対して' の項目で述べた条件 (i)，(ii)，(iii) をみたす不変測度 m をもつ抽象群 G のことである．この測度は，有限加法性 (i) しか要求していないが，'すべての部分集合 S に対して' 大きさ $m(S)$ が測れるという条件と，G の働きに対して不変であるという性質 (ii) が強い条件となっている．もっとも (iii) の $m(G) = 1$ という条件も見かけよりは強い条件となっている．なぜかというと，このとき，G のどんな部分集合 S をとっても $0 \leqq m(S) \leqq 1$ となって，$m(S) = \infty$ のように，大きな部分集合を大きく測ることを拒否しているからである．

このように条件を検討してみると，無限群で amenable 群となるようなものは，あまりないのではないかという気がしてくる．何か，有限群のとき行なったように，群 G 全体にわたって，個数の平均がとれるような操作が可能なような無限群だけが，amenable 群となりそうな気もする．しかし，実はまだ amenable 群の真の正体は，現在の数学の段階では十分わかっていないのである．

ここでは，階数 2 の自由群 F_2 が amenable 群でないことを示してみよう．そ

れには，第 23 講の Tea Time で述べた F_2 の分解

$$\begin{aligned} F_2 &= \{e\} \cup W(a) \cup W(b) \cup W(a^{-1}) \cup W(b^{-1}) \quad (*) \\ &= W(a) \cup aW(a^{-1}) \quad (**) \\ &= W(b) \cup bW(b^{-1}) \quad (***) \end{aligned}$$

を用いる．

いま，F_2 が amenable 群であったとして，(i)，(ii)，(iii) をみたす測度 m が存在したとしてみよう．このときまず $m(\{e\}) = 0$ である．なぜなら F_2 の任意の元 g に対し，まず m の不変性から $m(\{g\}) = m(g\{e\}) = m(\{e\})$ となることがわかる．F_2 は無限群だから，任意の自然数 k に対して，F_2 の相異なる元 $g_1, g_2, \ldots, g_k$ が存在する，そこで $S = \{g_1, g_2, \ldots, g_k\}$ とおくと

$$m(S) = m(\{g_1\}) + \cdots + m(\{g_k\}) = km(\{e\})$$

k は任意に大きな自然数をとってよいのに $m(S) \leqq 1$ なのだから，この式から $m(\{e\}) = 0$ が導かれる．

$m(F_2) = 1$ であるが，$(*)$，$(**)$，$(***)$ を用いてこの大きさを測ってみると，$m(\{e\}) = 0$ だから

$$\begin{aligned} 1 &= m(W(a)) + m(W(b)) + m(W(a^{-1})) + m(W(b^{-1})) \\ &= m(W(a)) + m(a^{-1}W(a^{-1})) \\ &= m(W(b)) + m(b^{-1}W(b^{-1})) \end{aligned}$$

m の不変性 (ii) によって，$m(a^{-1}W(a^{-1})) = m(W(a^{-1}))$，　$m(b^{-1}W(b^{-1})) = m(W(b^{-1}))$．したがってこの 3 つの式が同時に成り立つということは，けっして起こりえない．したがって，F_2 は amenable 群でない．

第 29 講

群　　環

テーマ
- ◆ コンパクト群
- ◆ コンパクト群の例
- ◆ コンパクト群の不変測度
- ◆ 有限群 G の群環 $K[G]$
- ◆ 群環から関数の見方への移行
- ◆ コンパクト群の群環

コンパクト群

この講のテーマは，上のタイトルにかいてあるように‘群環’なのであるが，あとですぐ参照したいこともあるし，また前講から引き継ぐという意味もあって，位相群の中でも，特にコンパクト群について，その上の不変測度——ハール測度——についてまず述べておこう．

コンパクト群とは，位相群であって，その基底となっている位相空間がコンパクトになっているようなものである．

位相空間 X がコンパクトであるという性質は，私たちの場合は最初に距離空間と仮定しておいたから (第 27 講参照)，‘X の中にある相異なる無限点列 $\{x_1, x_2, \ldots, x_n, \ldots\}$ は必ず集積点をもつ’といい表わされる．あるいは，‘X が可算個の開集合 $O_1, O_2, \ldots, O_n, \ldots$ によって $X = O_1 \cup O_2 \cup \cdots \cup O_n \cup \cdots$ とおおわれているならば，これらの開集合の中から，適当な有限個の $O_{i_1}, O_{i_2}, \ldots, O_{i_s}$ をとると，すでにこの有限個によって $X = O_{i_1} \cup O_{i_2} \cup \cdots \cup O_{i_s}$ とおおわれている’ともいい表わされる．

$\boldsymbol{R}^n$ の中の有界な閉集合は，コンパクトである．だから，3 次元空間の中の，球や球面やドーナツ面などはすべてコンパクトである．

一方，数直線や，平面全体はコンパクトではない．また，球の内部だけを考えると，これは開集合となって，コンパクトではない．

コンパクト群の例

有限群は，有限個の点からなる集合であって，(離散位相によって) コンパクト群になる．距離をどのように入れるのかという質問が出るかもしれないが，それは

$$\rho(a,b) = \begin{cases} 0, & a = b \\ 1, & a \neq b \end{cases}$$

とおいて，距離 ρ を定義するとよいのである．

座標平面上で，原点中心，半径 1 の円周上の点は，$(\cos\theta,\, \sin\theta)$ で表わされるが，この点全体は，回転によって，コンパクトな位相群となる．積の演算は

$$(\cos\theta, \sin\theta) \cdot (\cos\theta_1, \sin\theta_1) = (\cos(\theta + \theta_1), \sin(\theta + \theta_1))$$

で表わされる．この群は円周群といって S^1 で表わす．

円周群の n 個の直積

$$S^n = S^1 \times S^1 \times \cdots \times S^1$$

も，コンパクトな位相群となる．この群を n 次元のトーラス群という．

n 次の直交行列の全体 $O(n)$ は，行列の積によってコンパクトな位相群となる．

n 次のユニタリ行列の全体 $U(n)$ も，行列の積によってコンパクトな位相群となる．

n 次のユニタリ行列とは，n 次の複素数を成分とする行列であって，${}^t\bar{U}U = I_n$ (単位行列) をみたすものである．あるいは，n 次元複素ベクトル空間 C^n において，ベクトルの長さを保つ線形写像を表わす行列であるといってもよい．

コンパクト群の不変測度

G をコンパクト位相群とする．このとき G には，次の性質をもつ測度 m が存在することが知られている．

(i) 任意の開集合 O，任意の閉集合 F は，m によって‘測度’を測ることが

できる．つねに

$$0 < m(O) \leqq 1, \quad 0 \leqq m(F) \leqq 1$$

が成り立つ (ただし $O \neq \phi$ とする).

(ii)　任意の $g \in G$ に対し，この測度は，g の左からの働き，右からの働きに対して不変である：

$$m(gO) = m(Og) = m(O)$$

$$m(gF) = m(Fg) = m(F)$$

(iii)　$m(G) = 1$.

この測度 m を用いて，G 上の任意の連続関数 $f(x)$ を積分することができる：

$$\int_G f(x)\ dm(x)$$

測度のもつ不変性は，この積分に対しては，等式

$$\boxed{\int_G f(gx)\ dm(x) = \int_G f(xg)\ dm(x) = \int_G f(x)\ dm(x) \qquad (1)}$$

が成り立つということで反映している．

群　　環

さて，この講の主題である群環の話をはじめよう．

G を有限群とし，G の元を並べて

$$G = \{e, a, b, c, \ldots, g, h\} \tag{2}$$

のように表わしておこう．e は単位元である．G の位数は n とするが，そのときこの文字の数は，ちょうど n 個ある．

そこで，本講のテーマであった群環の概念を導入することにしよう．G の元 (2) に対応して，まったく抽象的な意味でのベクトル

$$\{\boldsymbol{e}, \boldsymbol{a}, \boldsymbol{b}, \boldsymbol{c}, \ldots, \boldsymbol{g}, \boldsymbol{h}\} \tag{3}$$

を対応させ，これから生成されたベクトル

$$\alpha_e \boldsymbol{e} + \alpha_a \boldsymbol{a} + \alpha_b \boldsymbol{b} + \cdots + \alpha_g \boldsymbol{g} + \alpha_h \boldsymbol{h} \tag{4}$$

を考える．ここで係数 $\alpha_e, \alpha_a, \ldots, \alpha_h$ は実数とする (注意：一般的な立場では，係数はむしろ複素数にとる方がふつうである).

(3) は，このようなベクトル全体の中で，1 次独立であると仮定する．したがって，(4) のように表わされるベクトル全体は，n 次元の実数体上のベクトル空間 $K[G]$ をつくり，その基底が，ちょうど，ベクトル (3) で与えられているということになる．

ここまでの話ならば，群 G の元 (2) に，ベクトル (3) を対応させて，群の次数を次元とするベクトル空間をつくったというだけで，特に目新しいことはない．

さて，このベクトル空間 $K[G]$ に，群 G の元 (2) の間の演算規則から導かれた，'かけ算' の規則を導入しよう．

それには，まず $\alpha_a\boldsymbol{a}$ と $\alpha_b\boldsymbol{b}$ の積，$\alpha_a\boldsymbol{a}\cdot\alpha_b\boldsymbol{b}$ を

$$\boxed{\alpha_a\boldsymbol{a}\cdot\alpha_b\boldsymbol{b}=\alpha_a\alpha_b\boldsymbol{ab} \qquad (5)}$$

と定義し，あとは分配則を適用するのである．

こうかいてもわかりにくいかもしれない．例で示してみよう．いま G として 3 次の巡回群をとり，G の生成元を a とし，$a^2=b$ とおく．したがって

$$G=\{e,a,b\}$$

となる．$a^3=e$ であり，したがって $ab=ba=e$，$b^2=a$ である．$K[G]$ の 2 つの元 $\boldsymbol{x},\boldsymbol{y}$ をとって

$$\boldsymbol{x}=\alpha\boldsymbol{e}+\beta\boldsymbol{a}+\gamma\boldsymbol{b}$$
$$\boldsymbol{y}=\alpha'\boldsymbol{e}+\beta'\boldsymbol{a}+\gamma'\boldsymbol{b}$$

とする．このとき，規則 (5) と，分配則を使って，$\boldsymbol{x}\cdot\boldsymbol{y}$ を定義するということは次のようなことになる．

$$\begin{aligned}\boldsymbol{x}\cdot\boldsymbol{y}&=(\alpha\boldsymbol{e}+\beta\boldsymbol{a}+\gamma\boldsymbol{b})\cdot(\alpha'\boldsymbol{e}+\beta'\boldsymbol{a}+\gamma'\boldsymbol{b})\\&=(\alpha\alpha'+\beta\gamma'+\gamma\beta')\boldsymbol{e}+(\alpha\beta'+\beta\alpha'+\gamma\gamma')\boldsymbol{a}\\&\quad+(\alpha\gamma'+\beta\beta'+\gamma\alpha')\boldsymbol{b}\end{aligned}$$

たとえば，右辺第 2 項の式の $\boldsymbol{a}$ の係数として

$$\alpha\beta'+\beta\alpha'+\gamma\gamma'$$

が現われているのは，群の演算の規則

$$ea=a,\quad ae=a,\quad bb=a$$

と，(5) からの帰結である．

一般の場合に戻って，$K[G]$ の元の積について，もう少し考察しよう．$K[G]$ の元 $\boldsymbol{x}, \boldsymbol{y}$ を (4) のように表わして

$$\boldsymbol{x} = \alpha_e \boldsymbol{e} + \alpha_a \boldsymbol{a} + \alpha_b \boldsymbol{b} + \cdots + \alpha_h \boldsymbol{h}$$
$$\boldsymbol{y} = \beta_e \boldsymbol{e} + \beta_a \boldsymbol{a} + \beta_b \boldsymbol{b} + \cdots + \beta_h \boldsymbol{h}$$

とし，

$$\boldsymbol{x} \cdot \boldsymbol{y} = \gamma_e \boldsymbol{e} + \gamma_a \boldsymbol{a} + \gamma_b \boldsymbol{b} + \cdots + \gamma_h \boldsymbol{h}$$

とおく．

このとき

$$\gamma_e = \sum_{a \in G} \alpha_a \beta_{a^{-1}}$$

となる．実際分配則を適用して $\boldsymbol{x}$ と $\boldsymbol{y}$ をかけ合わせ，$\boldsymbol{e}$-成分だけをとり出そうとすると，$\alpha_a \boldsymbol{a}$ に対しては $\alpha_{a^{-1}} \boldsymbol{a}^{-1}$ をかけ，$\alpha_b \boldsymbol{b}$ に対しては $\alpha_{b^{-1}} \boldsymbol{b}^{-1}$ をかけていくということになるだろう．

同様に考えると，一般に

$$\gamma_a = \sum_{h \in G} \alpha_h \beta_{h^{-1}a} \tag{6}$$

が成り立つことがわかる．この式は

$$\gamma_a = \sum_{h \in G} \alpha_{ah^{-1}} \beta_h \tag{7}$$

とかいても同じことである．(6) の方は，$\boldsymbol{x} \cdot \boldsymbol{y}$ の $\boldsymbol{a}$-成分を求めるのに，$\boldsymbol{x}$ の $\boldsymbol{h}$-成分に対して，$\boldsymbol{y}$ の $\boldsymbol{h}^{-1}\boldsymbol{a}$-成分をかけていったものであり，(7) の方は，$\boldsymbol{y}$ の $\boldsymbol{h}$-成分に対して，$\boldsymbol{x}$ の $\boldsymbol{ah}^{-1}$-成分をかけていったものである．

【定義】　n 次元ベクトル空間 $K[G]$ に，このように積を導入したものを，G の群環という．

群環の元 $\boldsymbol{x}, \boldsymbol{y}$ に対して，

結合則：$(\boldsymbol{x} \cdot \boldsymbol{y}) \cdot \boldsymbol{z} = \boldsymbol{x} \cdot (\boldsymbol{y} \cdot \boldsymbol{z})$

が成り立つことは，群の結合則から導かれる．分配則 $\boldsymbol{x} \cdot (\boldsymbol{y} + \boldsymbol{z}) = \boldsymbol{x} \cdot \boldsymbol{y} + \boldsymbol{x} \cdot \boldsymbol{z}$ や，スカラー積に対して $(\alpha\beta)\boldsymbol{x} = \alpha(\beta\boldsymbol{x})$，$(\alpha + \beta)\boldsymbol{x} = \alpha\boldsymbol{x} + \beta\boldsymbol{x}$ が成り立つこ

と，$\boldsymbol{e}\cdot\boldsymbol{x}=\boldsymbol{x}\cdot\boldsymbol{e}=\boldsymbol{x}$ ($\boldsymbol{e}$ は $K[G]$ の乗法単位！) が成り立つこともわかる．

しかし，G 自身が可換でなければ，$K[G]$ は可換ではない．

関数の見方への移行

群環 $K[G]$ は，まったく別の観点からも見ることができる．

今度は，群 G の元 (2) に対して，数直線上の相異なる n 個の点

$$\{\mathrm{P}_e, \mathrm{P}_a, \mathrm{P}_b, \ldots, \mathrm{P}_g, \mathrm{P}_h\} \tag{8}$$

を考える．このとき $K[G]$ の元 (4) に対して，(8) の上で定義された実数値関数 f が

$$\begin{aligned}&f(\mathrm{P}_e)=\alpha_e, \quad f(\mathrm{P}_a)=\alpha_a, \quad f(\mathrm{P}_b)=\alpha_b, \quad \ldots,\\&f(\mathrm{P}_g)=\alpha_g, \quad f(\mathrm{P}_h)=\alpha_h\end{aligned} \tag{9}$$

によって決まる．すなわち，f は，$K[G]$ の元の成分を対応させる対応を，関数として表現したものとなる (図 45 参照)．

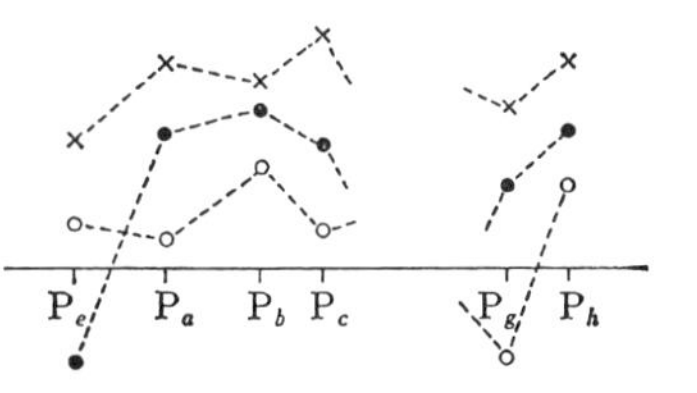

●，○，× がそれぞれ $K[G]$ の元を表わしている．破線には特に意味はない．

図 45

逆に，n 個の点 (8) の上で定義された関数 f が考えられれば，(9) によって，$K[G]$ の元が 1 つ決まる．

この対応で

$$\begin{aligned}\boldsymbol{x}\ (\in K[G]) &\longleftrightarrow f\\ \boldsymbol{y}\ (\in K[G]) &\longleftrightarrow g\end{aligned}$$

とすると

$$\alpha\boldsymbol{x}+\beta\boldsymbol{y} \longleftrightarrow \alpha f+\beta g$$

であり，また (6) と (7) によって

$$\boldsymbol{x}\cdot\boldsymbol{y} \longleftrightarrow f*g$$

が対応する．ここで $f*g$ は

$$\begin{aligned}f*g(\mathrm{P}_a) &= \sum_{h\in G} f(\mathrm{P}_h)\, g(\mathrm{P}_{h^{-1}a})\\ &= \sum_{h\in G} f(\mathrm{P}_{ah^{-1}})\, g(\mathrm{P}_h)\end{aligned} \tag{10}$$

で定義されている関数である．

コンパクト群の群環

このように，有限群 G に対する群環 $K[G]$ の元が，図45で示したように，グラフとして表示されるのを見ていると，誰でも，図45のグラフを連続関数のグラフにしたらどうなるだろうかと，考えてみたくなる．連続関数と考えるときには，有限群から位相群への移行を，漠然と頭の中で考えていることになる．

ここでは，コンパクト群の場合に限って，群環 $K[G]$ の概念がごく自然に拡張されて，導入されていることを示しておこう．

そのため，G をコンパクト群とし，G 上の実数値連続関数全体のつくる集合を $C(G)$ とおく．$f, g \in C(G)$ とすると，任意の実数 α, β に対して

$$\alpha f + \beta g$$

を考えることができるから，$C(G)$ は，実数体上のベクトル空間となっている．G が無限群ならば，$C(G)$ は無限次元のベクトル空間である．

$f, g \in C(G)$ に対して，(10) に見ならって，‘積’ $f * g$ を定義したい．もちろん和をとって，(10) と同じ式で定義するというわけにはいかないが，和の代りに，積分をとるという考えがある (積分は有限和の極限であったことを思い出しておこう)．

そこで，コンパクト群 G 上に (i)，(ii)，(iii) をみたす不変測度 m をとって

$$f * g(x) = \int_G f(y)g(y^{-1}x)dm(y) \tag{11}$$

と定義するのである．もちろん，この定義が妥当のためには，(10) の右辺の第2式に相当する式

$$f * g(x) = \int_G f(xy^{-1})g(y)dm(y) \tag{12}$$

が成り立つことも確かめておかなくてはならない．しかし，(11) で $y^{-1}x = z$ とおくと $y = xz^{-1}$ となり，ここに，積分の不変性 (1) を用いると，(12) が成り立つことがすぐに確かめられるのである．

【定義】 G 上の連続関数 f, g に対し，$f * g$ を，f と g の*たたみ込み*，または*合成積*という．ベクトル空間 $C(G)$ に，たたみ込みを積として導入したものを，コンパクト群 G の*群環*という．

たたみ込みは，英語で convolution の訳である．辞書を引いてみると，convolution は，‘くるくる巻いた状態’ とかいてある．積分の中の変数の配置は，分配則の ‘無限次版’ を表わしているのだが，この用語は，変数 y が G の中を走りまわる状況を想定しているのかもしれない．

Tea Time

質問　この講義では，最初にコンパクト群の不変測度の話があって，次に有限群に戻って群環の話をされたので，どんなふうに，この 2 つの話題が結びつくのかと思っていました．最後にきて，コンパクト空間上の連続関数のつくる群環が登場して，急に世界が広がったような気がしました．この点をもう少しお話していただけますか．

答　有限群には，代数的な演算しかないから，有限群の研究は，必然的に，代数的な手法を用いて群の構造を調べるという方向へと深入りしていくことになる．しかしいまみたように，位相群へと移ると，群環の考えを経由して，ごく自然に群の上の ‘関数空間’ が，群論の檜舞台に登場してくるのである．関数空間と群とを結ぶ接点には，不変測度があった．このような道をたどっていくと，やがて，位相群上では，有限群論にはなかったテーマ，群の上の関数空間と，その上への群の働きが，行く手にそびえる大きな山のような研究課題として見えてくるのである．

関数空間に展開する数学を支えているのは，解析学である．1930 年代に，位相群と不変測度の基礎理論が確立してから，1940 年以降，位相群上の解析学が，群の上の調和解析として，大きな理論を形成して発展し続けてきた．それは，単に古典解析の世界にスポットライトをあてただけではなく，数学のいろいろな分野や理論物理学に深い影響を与えたのである．

第 30 講

表　現

テーマ

- ◆ ‘表現’ ということ
- ◆ 群の表現
- ◆ 同値な表現
- ◆ 不変部分空間，既約性
- ◆ 有限群の表現は，ユニタリ行列による表現と同値である．
- ◆ 有限群の表現の完全可約性
- ◆ コンパクト群の場合

‘表現’ ということ

19 世紀の終り頃から，フロベニウスを中心として，しだいに創り上げられてきた有限群の表現論は，有限群の構造の解明に重要な役目を演じただけではなくて，たぶんフロベニウスが予想もしなかったような大きな数学的思想にまで育って，20 世紀の数学を縦断していくようになった．この思想とは，抽象的な構造によって与えられた数学は，具体的なものに働きかけることによって自らのもつ抽象性を表現し，逆に具体的な数学的対象は，外からの働き――たとえば群による働き――によって，その働きに関して不変なものへと分解される．そしてこの ‘不変なるもの’ は，はっきりとした数学的実在として認識されるということにあった．20 世紀になって抽象数学の波が湧き上がり，やがてその潮騒が少し遠のくと，今度はそれに拮抗するように，‘表現’ という考えが数学の中に広く浸透してきたのである．

この最後の講では，このような思想を育てる母体となった群の表現論に関して，ごく基本的な事柄を述べることにしよう．

群の表現

ここでは実数体上のベクトル空間ではなくて，複素数体上のベクトル空間を考えることにしよう．したがって，これから現われるスカラーや，行列の成分などは，すべて複素数である．

k 次元複素ベクトル空間 $\boldsymbol{C}^k$ から，$\boldsymbol{C}^k$ への 1 対 1 の線形写像は，k 次の正則な行列によって

$$A = \begin{pmatrix} a_{11} & a_{12} & \cdots & a_{1k} \\ a_{21} & a_{22} & \cdots & a_{2k} \\ & \cdots\cdots & & \\ a_{k1} & a_{k2} & \cdots & a_{kk} \end{pmatrix} \tag{1}$$

のように表わされる．正則な行列全体は群をつくる．この群を k 次の一般線形群といって $GL(k\,;\boldsymbol{C})$ と表わす．$GL(k\,;\boldsymbol{C})$ は位相群となっている (第 26 講参照).

【定義】 群 G から，$GL(k\,;\boldsymbol{C})$ への準同型写像 $\varPhi$ が与えられたとき，$\varPhi$ を，G の k 次の線形表現，あるいは簡単に k 次の表現という．

群 G が位相群のときには，G から $GL(k\,;\boldsymbol{C})$ への連続な準同型写像 $\varPhi$ を，G の k 次の表現という．

G の k 次の表現 $\varPhi$ が与えられたとしよう．このとき G の各元 a に対し，$\varPhi(a)$ は k 次の行列なのだから，$\varPhi(a)$ は $\boldsymbol{C}^k$ から $\boldsymbol{C}^k$ への線形写像を与えていることになる．

$$\varPhi(a) : \boldsymbol{C}^k \longrightarrow \boldsymbol{C}^k \quad (a \in G)$$

G の単位元 e には，恒等写像が対応し，また a の逆元 a^{-1} には，$\varPhi(a)$ の逆写像 $\varPhi(a)^{-1}$ が対応している．

同値な表現

群 G の表現 $\varPhi$ は，単に $\boldsymbol{C}^k$ から $\boldsymbol{C}^k$ への線形写像としてではなく，k 次の行列 (1) のような形で具体的に与えられている．

同じ線形写像でも，$\boldsymbol{C}^k$ の基底を，標準基底 $\boldsymbol{e}_1 = (1, 0, \ldots, 0)$，$\boldsymbol{e}_2 = (0, 1, 0, \ldots, 0)$，… ，$\boldsymbol{e}_k = (0, 0, \ldots, 0, 1)$ から，新しい基底 $\tilde{\boldsymbol{e}}_1, \tilde{\boldsymbol{e}}_2, \ldots, \tilde{\boldsymbol{e}}_k$ にとりかえ

ると，行列による表わし方は変わってくる．線形代数によると，この関係は次のようにいい表わされる．

> 線形写像 T を表わす行列 A を，基底変換して新しい基底を用いて行列で表わすと
> $$P^{-1}AP$$
> となる．ここで P は基底変換の行列である．

P の成分がつくる k 個の縦ベクトルが，新しい基底ベクトル $\tilde{\boldsymbol{e}}_1, \tilde{\boldsymbol{e}}_2, \ldots, \tilde{\boldsymbol{e}}_k$ となっている．

この結果を参照して次の定義をおく．

【定義】　群 G の，2つの k 次の表現 Φ, Ψ が与えられたとする．適当な k 次の正則行列 P をとると，すべての $a \in G$ に対して

$$\Psi(a) = P^{-1}\Phi(a)P$$

が成り立つとき，Φ と Ψ は同値な表現であるという．

不変部分空間

群 G の表現 Φ が与えられたとしよう．

【定義】　$\boldsymbol{C}^k$ の部分ベクトル空間 V が，すべての $a \in G$ に対して

$$\Phi(a)\ V \subset V$$

という性質をもつとき，V を Φ の不変部分空間という．

線形写像は，0 (-ベクトル) をつねに 0 に移しているから，0 だけからなる部分空間 $\{0\}$ は不変部分空間である．また，$\boldsymbol{C}^k$ ももちろん不変部分空間である．

既約性と完全可約性

【定義】　群 G の k 次の表現 Φ の不変部分空間が $\{0\}$ と $\boldsymbol{C}^k$ に限るとき，Φ を既約な表現という．

読者の中には，群 G が有限群のときには，$\{\Phi(a)|a \in G\}$ は，有限個の行列にすぎないのだから，これらで不変な部分空間などいくらでもありそうだと思われる人もいるかもしれない．しかし，群 G の表現 Φ が与えられると，Φ は自然に，

G の群環 $K[G]$ の表現 $\tilde{\Phi}$ を導くのである．$K[G]$ はここでは複素数体上で考えている．$\tilde{\Phi}$ は，前講の (4) で表わされている $K(G)$ の元に対して，行列

$$\alpha_e \Phi(e) + \alpha_a \Phi(a) + \alpha_b \Phi(b) + \cdots + \alpha_g \Phi(g) + \alpha_h \Phi(h)$$

を対応させることにより得られる．ここでスカラー積と和は，行列としてのスカラー積と和である．このとき群環 $K[G]$ の元 $\boldsymbol{x}, \boldsymbol{y}$ に対して

$$\tilde{\Phi}(\boldsymbol{x}+\boldsymbol{y}) = \tilde{\Phi}(\boldsymbol{x}) + \tilde{\Phi}(\boldsymbol{y}), \quad \tilde{\Phi}(\alpha\boldsymbol{x}) = \alpha\tilde{\Phi}(\boldsymbol{x}),$$
$$\tilde{\Phi}(\boldsymbol{x}\cdot\boldsymbol{y}) = \tilde{\Phi}(\boldsymbol{x})\tilde{\Phi}(\boldsymbol{y})$$

が成り立っており，その意味で，$\tilde{\Phi}$ は $K[G]$ から k 次行列全体への表現となっている．G の位数を n とすると，ベクトル空間として $K[G]$ は，n 次元である．$\tilde{\Phi}(\boldsymbol{x})$ $(\boldsymbol{x} \in K[G])$ の形の行列はたくさんあるから，今度は既約という定義を，実感として納得してもらえるだろう．

【定義】 Φ を G の k 次の表現とする．$\boldsymbol{C}^k$ が Φ の不変部分空間の直和として

$$\boldsymbol{C}^k = V_1 \oplus V_2 \oplus \cdots \oplus V_s$$

と表わされ，各 V_i 上では，Φ は既約となるようにできるとき，Φ を完全可約であるという．

すなわち，Φ を $V_1, V_2, \ldots, V_s$ 上に制限して得られる表現が，それぞれ，V_1 上で既約，V_2 上で既約，…，V_s 上で既約となっているのである．

ユニタリ行列による表現

$\boldsymbol{C}^k$ の標準的な内積を $(\boldsymbol{x}, \boldsymbol{y})$ で表わそう．すなわち，$\boldsymbol{x} = (x_1, x_2, \cdots, x_k)$，$\boldsymbol{y} = (y_1, y_2, \ldots, y_k)$ に対して

$$(\boldsymbol{x}, \boldsymbol{y}) = \sum_{i=1}^{k} x_i \bar{y}_i \quad \left(\bar{y}_i \text{ は } y_i \text{ の共役複素数である}\right)$$

とおいてある．

いま，有限群 $G = \{a_1, a_2, \ldots, a_n\}$ の k 次の表現 Φ が与えられたとき

$$(\boldsymbol{x}, \boldsymbol{y})_G = \sum_{j=1}^{n} \left(\Phi\left(a_j\right)\boldsymbol{x},\ \Phi\left(a_j\right)\boldsymbol{y}\right) \tag{2}$$

とおく．すぐに確かめられるように，$(\boldsymbol{x}, \boldsymbol{y})_G$ も，$\boldsymbol{C}^k$ 上の，1 つの内積となっている．

このとき

> 任意の $a \in G$ に対し
> $$(\Phi(a)\boldsymbol{x},\ \Phi(a)\boldsymbol{y})_G = (\boldsymbol{x}, \boldsymbol{y})_G$$
> が成り立つ.

【証明】

$$\begin{aligned}(\Phi(a)\boldsymbol{x},\ \Phi(a)\boldsymbol{y})_G &= \sum_{j=1}^{n} (\Phi(a_j)\Phi(a)\boldsymbol{x},\ \Phi(a_j)\Phi(a)\boldsymbol{y}) \\ &= \sum_{j=1}^{n} (\Phi(a_j a)\boldsymbol{x},\ \Phi(a_j a)\boldsymbol{y}) \\ &= \sum_{j=1}^{n} (\Phi(b_j)\boldsymbol{x},\ \Phi(b_j)\boldsymbol{y}) \quad \left(b_j = a_j a \text{ とおいた}\right) \\ &= (\boldsymbol{x}, \boldsymbol{y})_G \end{aligned}$$ ■

この結果は，$\Phi(a)$ $(a \in G)$ が，すべて内積 $(\boldsymbol{x}, \boldsymbol{y})_G$ を不変に保つことを示している.

線形代数の結果によると，このとき，内積 $(\boldsymbol{x}, \boldsymbol{y})_G$ に関する正規直交基底を $\{\tilde{\boldsymbol{e}}_1, \tilde{\boldsymbol{e}}_2, \ldots, \tilde{\boldsymbol{e}}_k\}$ として，これを $\boldsymbol{C}^k$ の新しい基底として選ぶと，$\Phi(a)$ $(a \in G)$ はこの基底に関して，すべてユニタリ行列となる．すなわち，$\{\tilde{\boldsymbol{e}}_1, \tilde{\boldsymbol{e}}_2, \ldots, \tilde{\boldsymbol{e}}_k\}$ への基底変換の行列を P とし，

$$\Psi(a) = P^{-1}\Phi(a)P \quad (a \in G)$$

とおくと，$\Psi(a)$ はユニタリ行列となる.

表現の同値性の定義を見ると，この結果は，次の定理の形に述べることができる.

【定理】　有限群 G の任意の線形表現は，ユニタリ行列による表現と同値である.

完全可約性

次の定理も示しておこう.

【定理】　有限群 G の表現は完全可約である.

【証明】 まず完全可約性の定義をみると，次のことがわかる．G の表現 $\varPhi$ が完全可約であるという性質は，$\boldsymbol{C}^k$ の基底をとり直して，$\varPhi$ と同値な表現におきかえても変わらない．

したがって，すぐ上の定理で示した，$\varPhi$ と同値なユニタリ行列による表現 $\varPsi$ に対して，$\varPsi$ が完全可約であることを示そう．

$\varPsi$ によって不変であるような $\boldsymbol{C}^k$ の部分空間全体の集まりを考えると，$\{0\}$ と異なる不変部分空間の中で，次元が最小となるものがある．そのようなものの中の１つをとって V_1 とおく．$V_1 \neq \{0\}$ である．

V_1 は，既約である．なぜなら V_1 が既約でないとすると，$\{0\} \subsetneqq W \subsetneqq V_1$ をみたす W で，$\varPsi$ で不変なものがあることになる．明らかに $\dim W < \dim V_1$ だから，これは V_1 のとり方に反する．

そこで，内積 $(\boldsymbol{x}, \boldsymbol{y})_G$ に関して V_1 の直交補空間 ${V_1}^{\perp}$ を考える．${V_1}^{\perp}$ は，$\boldsymbol{C}^k$ の部分空間で

$${V_1}^{\perp} = \{\boldsymbol{x} \mid \text{すべての } \boldsymbol{y} \in V_1 \text{に対して } (\boldsymbol{x}, \boldsymbol{y})_G = 0\}$$

によって定義されている．線形代数におけるベクトル空間の議論から，よく知られているように

$$\boldsymbol{C}^k = V_1 \oplus {V_1}^{\perp} \tag{3}$$

が成り立つ．

もし，${V_1}^{\perp} = \{0\}$ ならば，$V_1 = \boldsymbol{C}^k$ であって，この場合 $\varPsi$ 自身が既約であり，$\varPsi$ は完全可約である．

次に ${V_1}^{\perp} \neq \{0\}$ の場合を考えよう．このとき ${V_1}^{\perp}$ は，$\varPsi$ の不変部分空間となっている．なぜなら $y \in V_1$ ならば $\varPsi(a^{-1})\boldsymbol{y} \in V_1$ であり，したがって

$$\begin{aligned}
\boldsymbol{x} \in {V_1}^{\perp} &\Longrightarrow (\boldsymbol{x},\ \varPsi(a^{-1})\boldsymbol{y})_G = 0, \quad a \in G,\ \boldsymbol{y} \in V_1 \\
&\Longrightarrow (\varPsi(a)\boldsymbol{x},\ \varPsi(a)\varPsi(a^{-1})\boldsymbol{y})_G = 0 \quad (\text{内積の不変性}) \\
&\Longrightarrow (\varPsi(a)\boldsymbol{x},\ \varPsi(e)\boldsymbol{y})_G = 0 \quad (\varPsi \text{ が表現だから}) \\
&\Longrightarrow (\varPsi(a)\boldsymbol{x},\ \boldsymbol{y})_G = 0 \quad (\boldsymbol{y} \in V_1)
\end{aligned}$$

この最後の式は，$\varPsi(a)\boldsymbol{x} \in {V_1}^{\perp}(a \in G)$ を示している．これで ${V_1}^{\perp}$ が不変部分空間であることが示された．

$\boldsymbol{C}^k$ から出発して，分解 (3) を得たと同様にして，${V_1}^{\perp}$ に含まれる $\varPsi$ の不変

部分空間 ($\neq \{0\}$) をとり，それを V_2 とする．同じ議論で，Ψ は V_2 上で既約であって

$$V_1{}^{\perp} = V_2 \oplus V_2{}^{\perp} \tag{4}$$

となることがわかる．(4) を (3) に代入して

$$\boldsymbol{C}^k = V_1 \oplus V_2 \oplus V_2{}^{\perp}$$

となる．この操作を繰り返していくと，結局 $\boldsymbol{C}^k$ は Ψ について既約な不変部分空間 V_i $(i = 1, 2, \ldots, s)$ の直和として

$$\boldsymbol{C}^k = V_1 \oplus V_2 \oplus \cdots \oplus V_s$$

と表わされることがわかった．これで Ψ が，したがってまた Φ が完全可約であることが証明された．■

コンパクト群の表現について

上の 2 つの定理の証明に対して，表現 Φ を通して $\boldsymbol{C}^k$ に群 G を働かせたとき，G で不変な内積 (1) が存在することが本質的であった．

いま，G をコンパクト群とし，G 上の不変測度 m を 1 つとっておく．G から $GL(k; \boldsymbol{C})$ への連続な表現 Φ が与えられたとする．このとき (2) の代りに

$$((\boldsymbol{x}, \boldsymbol{y}))_G = \int_G (\Phi(a)\boldsymbol{x},\ \Phi(a)\boldsymbol{y})\ dm(a)$$

とおくと，$((\boldsymbol{x}, \boldsymbol{y}))_G$ はやはり G の働きで不変な，$\boldsymbol{C}^k$ 上の内積となる．積分記号の中の内積は，G 上の連続関数となっていることを注意しよう．

この内積を用いて，上と同様の議論を行なうと，次の 2 つの定理が成り立つことがわかる．

【定理】　コンパクト群の連続な線形表現は，ユニタリ行列による表現と同値である．

【定理】　コンパクト群の連続な線形表現は，完全可約である．

正則表現について

抽象的に群の表現の話をしてみても，一体，表現というのは，どのようにしてつくられるものなのかを述べておかなくては，中途半端となってしまうだろう．一番基本的な表現は，正則表現とよばれる表現であって，これについて少し説明しておこう．

まず，G を有限群とする．G は左から自分自身の上に自然に働いている：$x \to gx$ $(x \in G)$．しかし，この働きは，線形性とはまったく無関係である．だが，この働きは G の上に働くだけではなくて，自然に G の群環 $K[G]$ の上への働きを引き起こしていることに注意しよう．G の左からの働きは，$K[G]$ の基底の変換を引き起こしている．ところが，$K[G]$ は，ベクトル空間である！　この変換は，G の線形表現として行列によって表わされるだろう．この表現を G の左からの正則表現という．

群環という考えを導入することによって得られた新しい観点は，このように，群の働きが，群環を通して，線形性という性質をかちとった点にある．実際，この考えを背景にして，表現論が育ってきたともいえるのである．

それでは，と読者は質問されるだろう．コンパクト群 G に対して，連続関数全体のつくる空間 $\boldsymbol{C}(G)$ を，群環と考えたが，G 上の連続関数 $f(x)$ に対して，新しく

$$f_g(x) = f(gx)$$

とおくと，対応 $f \to f_g$ は，やはり表現と考えてよいのか？　確かに，この対応は，$\boldsymbol{C}(G)$ から $\boldsymbol{C}(G)$ への線形写像となっている．だが $\boldsymbol{C}(G)$ は無限次元のベクトル空間である！　しかし，このようなところまで表現論の世界を展開することは可能であって，実際，この講の最初に述べた表現論の現代数学における思想としての深みは，この方向へ進むことによって育てられたのであるが，それを述べることは，また別の主題となってくるだろう．

このことについてもう少し学んでみたい読者は，たとえば山内恭彦・杉浦光夫『連続群論入門』(培風館新数学シリーズ) か，岡本清郷『等質空間上の解析学』(紀伊國屋数学叢書) を参照してみられるとよい．

索　引

ア　行

アーベル群　23
　有限生成的な——　146
amenable 群　214
安定部分群　94

位数　29, 63
　——が 2,3 の群　65
　——が 4 の群　65
　——が 8 の群　113
　——が 12 の群　113
　——が 14 までの群　109
　——が素数の群　65
　——が $2p$ の群　109
　——が p^2 の群　111
位相群　196, 197
　——の準同型定理　207
　完全非連結な——　203
　局所コンパクトな——　213
　距離をもつ——　197
　連結な——　202
位相同型写像　198
一般線形群　195

ウィルソンの定理　81

円周群　217

オイラーの関数　80

カ　行

回転　11, 19, 27
　——と反転　12, 20
回転群　51
可換群　23
核　137
完全加法的な測度　213
完全可約　227, 228

奇置換　41
基底空間　197
軌道　93
基本群　168
　球面の——　168
　ドーナツ面の——　168
　2 つ穴のあいた——　169
基本対称式　43
基本変形　154
　$\boldsymbol{Z}$ 上の——　156
逆元　16
逆像　138, 139
逆変換　16
共役
　——な元　114
　——な部分群　123
共役類　114
　S_7 の元の——　118
　S_n の元の——　120
近傍系の基　203

偶置換　41
クラインの 4 元群　66, 190
群　16
　——の働き　84
群環　220
　コンパクト群の——　222

結合則　16
原始根　81

語　174, 175, 179
　簡約化された——　179
交換子　187
交換子群　189, 191
合成積　222
交代群　42, 132
交代式　43
合同　69
恒等変換　15
互換　38
コーシーの定理　96
固定部分群　94
コンパクト群　216

サ　行

左右対称　7, 18, 36

指数　59
自由群　174, 181
　——と関係　186
　階数 n の——　182
収束する　197
シュライエルの定理　204
巡回群　132
　——の生成元　62
　——の直積　107
　n 次の——　190
巡回置換　117
巡回部分群　63
準同型写像　88
準同型定理　140
商群　126
乗法　16
剰余　69
剰余類　69
　——のかけ算　75
　——の加法　70
　n と素な——　77
剰余類群　71
ジョルダン・ヘルダーの定理　135
シロー群　104

正規化群　123
正規部分群　124
整数　68
正則表現　231
正多面体　45
正 4 面体　45
正 6 面体　46
正 8 面体　46
正 12 面体　46
正 20 面体　46
正多面体群　46, 58
正 2 面体群　108, 190
正 4 面体群　47
正 6 面体群　31, 48
　——と部分群　57
正 8 面体群　48
正 12 面体群　49
正 20 面体群　49
積　16
線形表現　225

組成列　134

タ 行

第 1 同型定理　142
第 2 同型定理　142
対称群　152
　——の有限表示　191
　3 次の——　26
　n 次の——　29
対称式　43
対称変換　7
互いに素　72
たたみ込み　222
単位元　16
単純群　129, 135
　——の分類　136

置換群　26, 29
中心　100
中心化群　115
直積　106
　巡回群の——　107
直交群　195

同型　34
同型写像　35
同値類　54, 55
特殊線形群　195
特殊直交群　51
トーラス群　217

ハ 行

働き　84
　左からの——　86
　右からの——　87
　両側からの——　87
ハール測度　214
反転　12, 20
非可換　14
非可換群　23
非可換性
　S_3 の——　26
　変換の——　14
p-シロー群　104
左剰余類　56, 59
表現　90, 225
　既約な——　226
　コンパクト群の——　230
　忠実な——　90
　同値な——　226
　ユニタリ行列による——　227
　連続な——　225

フェルマーの小定理　78
符号 (置換の)　41
部分群　47
　共役な——　123
不変測度
　位相群の——　213
　加法群の——　211
　コンパクト群の——　217
　乗法群の——　211
　有限群上の——　212
不変部分空間　226

閉曲線　165
平均値　212
平行移動　8, 19
　平面上の——　9, 19
閉部分群　201
変換　18, 83
　——の乗法　15

ホモトピー類　166
　——の演算　167
ホモトープ　164, 165

マ　行

右剰余類　59

無限群　22
無限巡回群　66

ヤ　行

有限群　22
有限巡回群　62
有限生成的　145
有限生成的なアーベル群　146
　——の階数　147
　——の基本定理　146
　——の自由部分　147
　——のねじれ群　146
　——のねじれ係数　146
　——の部分群　149
有限的に表示される群　190
ユークリッドの互除法　72

4 元数群　112, 191

ラ　行

ラグランジュの定理　56

類別
　同値類による——　54
　部分群による——　55

連結　202
連結成分　201, 202
連分数　74

著者略歴

志賀浩二（しがこうじ）

1930年　新潟県に生まれる
1955年　東京大学大学院数物系数学科修士課程修了
　　　　東京工業大学理学部教授，桐蔭横浜大学工学部教授などを歴任
　　　　東京工業大学名誉教授，理学博士
2024年　逝去
受　賞　第1回日本数学会出版賞
著　書　「数学30講シリーズ」（全10巻，朝倉書店），
　　　　「数学が生まれる物語」（全6巻，岩波書店），
　　　　「中高一貫数学コース」（全11巻，岩波書店），
　　　　「大人のための数学」（全7巻，紀伊國屋書店）など多数

数学30講シリーズ8
新装改版　群論への30講　　　定価はカバーに表示

1989年8月25日　初　　版第1刷
2021年8月25日　　　　　第24刷
2024年9月1日　新装改版第1刷

著　者　志　賀　浩　二
発行者　朝　倉　誠　造
発行所　株式会社　朝　倉　書　店

東京都新宿区新小川町6-29
郵便番号　162-8707
電　話　03(3260)0141
F A X　03(3260)0180
https://www.asakura.co.jp

〈検印省略〉

中央印刷・渡辺製本

ISBN 978-4-254-11888-9 C3341　　Printed in Japan